中等职业教育国家示范学校系列
教改教材

# 化工分析
# 综合实训

许新福 主编

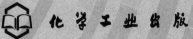
化学工业出版社
·北京·

本书共有三十个实训项目，每个项目包括实训目的、实训仪器和试剂、实训要求、实训步骤、思考题及实训后的体会与小结等。其内容主要有：实验室安全知识及实验要求、分析化学实验的常用仪器和基本操作，分析天平的使用及酸碱滴定、氧化还原滴定、配位滴定和沉淀滴定等的操作训练，还包括部分仪器分析，如气相色谱分析、紫外分光光度分析等内容。

　　本书通俗易懂、图文并茂，可作为中职化工分析类专业及相关专业的教材，还可作为化工工人、初级分析工及分析人员的参考书。

**图书在版编目（CIP）数据**

化工分析综合实训/许新福主编．—北京：化学
工业出版社，2014.6
中等职业教育国家示范学校系列教改教材
ISBN 978-7-122-20310-6

Ⅰ．①化…　Ⅱ．①许…　Ⅲ．①化学工业-分析
方法-中等专业学校-教材　Ⅳ．①TQ014

中国版本图书馆CIP数据核字（2014）第070406号

---

责任编辑：旷英姿　陈有华　　　　　　　文字编辑：林　媛
责任校对：徐贞珍　　　　　　　　　　　装帧设计：王晓宇

---

出版发行：化学工业出版社（北京市东城区青年湖南街13号　邮政编码100011）
印　　刷：北京云浩印刷有限责任公司
装　　订：三河市前程装订厂
787mm×1092mm　1/16　印张8¼　字数185千字　2014年9月北京第1版第1次印刷

---

购书咨询：010-64518888（传真：010-64519686）　　售后服务：010-64518899
网　　址：http://www.cip.com.cn
凡购买本书，如有缺损质量问题，本社销售中心负责调换。

---

定　　价：25.00元

# FOREWORD

前言

化学与制药、石油、橡胶、造纸、建材、钢铁、食品、纺织、皮革、环保等与国民经济相关的产业密切相关。据统计，大约有50%的工业化学家活跃在这些行业。

为了保卫地球、珍惜环境，化学家们开创了绿色时代，"绿色化学"正在努力并已经能够做到：使天空更清洁，使化工厂排放的水与取用时一样干净……

本书为中等职业学校化工类及相关专业的实训教材。为了加强实践性教学的环节，使学生掌握好分析实验的基本操作和基本技能，书中对各个实训项目的目的、原理、仪器和试剂、操作步骤、注意事项、思考题、体会与小结等都作了比较详细的叙述和要求。

为了培养学生理论联系实际，分析问题和解决问题的能力，对于实验中，用常规方法能够计算的一些试剂用量和分析结果的计算公式，本书中没有列出，留给学生在预习时解决。

由于本书是实验实训教材，在编写过程中特别注意并力求达到以下几点：①加强针对性，认真精选实验实训内容，大多数内容是根据本校的实际情况而定的；②使用国家法定的计量单位；③引用最新的国家标准，编写的内容基本采用框图式，并插入适量的图片，以引起学生的兴趣；④突出实验操作技能训练，本书共30个实验内容，其中有5个实验是最近几年全国石油与化工技能大赛中职学生的竞赛题目，并作适当的修改；⑤为了适应分析自动化技术的迅速发展，本书中编写了部分仪器分析操作的实验，如用分光光度计、气相色谱仪进行的实验。

　　本书由平湖市职业中等专业学校许新福主编并统稿，贺陆军、朱玉林参编。在编写过程中得到了金华职业技术学院洪庆红及平湖市职业中等专业学校沈佳渊的大力相助，在此表示衷心感谢。由于编者的水平有限，经验不足，时间非常仓促，书中难免存在某些缺点和不足之处，恳请使用本书的师生和同行及时提出宝贵的意见。

编　者

2014 年 1 月

# 实验室安全知识及实验要求

## 一、安全知识

1. 对分析仪器的使用要求

（1）实验所使用的玻璃仪器按清单清点后为一人一套，如有损坏，应按价赔偿。

（2）实验中所使用的精密仪器应严格按操作规程使用，使用完后应拔去电源插头，仪器各旋钮恢复至原位，在仪器使用记录本上签名并记录其状态。

（3）实验时应节约用水、用电，实验器材一律不得私自带离实验室。

2. 对试剂药品的使用要求

（1）实验室内禁止饮食、吸烟，不能以实验容器代替水杯、餐具使用，防止试剂入口，实验结束后应洗手。

（2）使用 $As_2O_3$、$HgCl_2$ 等剧毒品时要特别小心，用过的废物、废液不可乱倒，应回收或加以特殊处理。

（3）使用浓酸、浓碱或其他具有强烈腐蚀性的试剂时，操作要小心，防止溅伤和腐蚀皮肤、衣物等。对易挥发的有毒或有强烈腐蚀性的液体或气体，应在通风橱中操作。

（4）使用苯、氯仿、$CCl_4$、乙醚、丙酮等有毒或易燃的有机溶剂时应远离火焰或热源。

（5）实验过程中万一发生着火，不可惊慌，应尽快切断电源。对可溶于水的液体着火时，可用湿布或水灭火；对密度小于水的非水溶性的有机试剂着火时，用砂土灭火（不可用水）；导线或电器着火时，用 $CCl_4$ 灭火器灭火。

（6）使用各种仪器时，要在教师讲解或自己仔细阅读并理解操作规程后，方可动手操作。

（7）安全使用水、电。离开实验室时，应仔细检查水、电、气、门窗是否关好。

（8）如发生烫伤和割伤应及时处理，严重者应立即送医院治疗。

## 二、实验要求

1. 实验操作要求

（1）容器的洗涤　对实验中使用过的仪器应按正确的洗涤方法进行洗涤至洁净。

（2）基本操作　滴定管、容量瓶、移液管、吸量管在使用前、使用时、使用后的操作应规范准确。

2. 实验预习及报告

（1）预习报告　每次实验前应做好预习，预习报告应包括实验的原理、步骤、数据记录表格、计算公式，实验过程中的注意事项等。

（2）实验报告　不应将计算器带入实验室，实验数据直接记录在原始数据记录表上，完成实验后把原始数据写入实验报告的数据栏内并把原始数据上交实验老师保存。实验报告应有误差分析，完成后于第二天上交。

# 分析化学实验的常用仪器和基本操作

## 一、认识分析天平

分析天平是定量分析工作中最重要、最常用的精密称量仪器。每一项定量分析都直接或间接地需要使用天平，而分析天平称量的准确度对分析结果又有很大的影响，因此，我们必须了解分析天平的构造并掌握正确的使用方法，避免因天平的使用或保管不当影响称量的准确度，从而获得准确的称量结果。常用的分析天平有等臂双盘天平（包括半自动电光天平和全自动电光天平）和单盘天平。这些天平在构造上虽然有些不同，但其构造的基本原理都是根据杠杆原理设计制造的。

### （一）称量原理

天平是根据杠杆原理制成的，它用已知质量的砝码来衡量被称物体的质量。

设杠杆$ABC$的支点为$B$，$AB$和$BC$的长度相等，$A$、$C$两点是力点，$A$点悬挂的被称物体的质量为$P$，$C$点悬挂的砝码质量为$Q$。当杠杆处于平衡状态时，力矩相等，即：

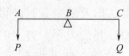

$$P \cdot AB = Q \cdot BC$$

因为$AB=BC$，所以$P=Q$，即天平称量的结果是物体的质量。

目前国内使用最为广泛的是半自动电光天平，本节对其作简单介绍。

### （二）半自动电光天平

1. 双盘半机械加码电光天平的构造

电光天平是根据杠杆原理设计的，尽管其种类繁多，但其结构却大体相同，都有底板、立柱、横梁、玛瑙刀、刀承、悬挂系统和读数系统等必备部件，还有制动器、阻尼器、机械加码装置等附属部件。不同的天平其附属部件不一定配全。

双盘半机械加码电光天平的构造如下图所示。

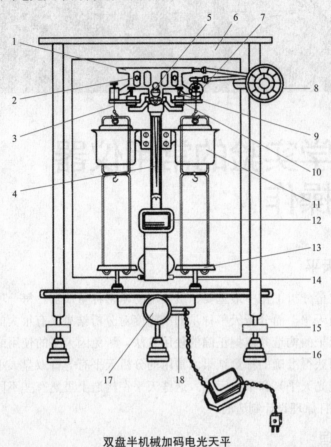

**双盘半机械加码电光天平**

1—横梁；2—平衡螺丝；3—吊耳；4—指针；5—支点刀；6—框罩；7—圈码；8—指数盘；
9—承重刀；10—折叶；11—阻尼筒；12—投影屏；13—秤盘；14—盘托；15—螺旋脚；
16—垫脚；17—升降旋钮；18—调屏拉杆

2．使用方法

（1）调节零点　电光天平的零点是指天平空载时，微分标尺上的"0"刻度与投影屏上的标线相重合的平衡位置。接通电源，开启天平，若"0"刻度与标线不重合，当偏离较小时，可拨动调屏拉杆，移动投影屏的位置，使其相合，即调定零点；若偏离较大时，则需关闭天平，调节横梁上的平衡螺丝（这一操作由老师进行），再开启天平，继续拨动调屏拉杆，直到调定零点，然后关闭天平，准备称量。

（2）称量　将称量物放入左盘并关好左门，估计其大致质量，在右盘上放入稍大于称量物质质量的砝码。选择砝码应遵循"由大到小，折半加入，逐级试验"的原则。试加砝码时，应半开天平，观察指针的偏移和投影屏上标尺的移动情况。根据"指针总是偏向轻盘，投影标尺总是向重盘移动"的原则，以判断所加砝码是否合适以及如何调整。克组码调定后，关上右门，再依次调定百毫克组及十毫克组圈码，每次从折半量开始调节。十毫克圈码组调定后，完全开启天平，平衡后，从投影屏上读出10mg以下的读数。克组砝码数、指数盘刻度数及投影屏上读数三者之和即为称量物的质量，及时将称量数据记录在实验记录本上。

（三）分析天平的使用规则

（1）称量前先将天平罩取下叠好，放在天平箱上面，检查天平是否处于水平状态，用软毛刷清刷天平，检查和调整天平的零点。

（2）旋转升降旋钮时必须缓慢，轻开轻关。取放称量物、加减砝码和圈码时，都必须关闭天平，以免损坏玛瑙刀口。

（3）天平的前门不得随意打开，它主要供安装、调试和维修天平时使用。称量时应关好侧门。化学试剂和试样都不得直接放在秤盘上，应放在干净的表面皿、称量瓶或坩埚内；具有腐蚀性的气体或吸湿性物质，必须放在称量瓶或其他适当的密闭容器中称量。

（4）取放砝码必须用镊子夹取、严禁手拿。加减砝码和圈码均应遵循"由大到小，折半加入，逐级试验"的原则。旋转指数盘时，应一档一档地慢慢转动，防止圈码跳落互撞。试加减砝码和圈码时应慢慢半开天平试验。

（5）天平的载重不能超过天平的最大负载。在同一次实验中，应尽量使用同一台天平和同一组砝码，以减少称量误差。

（6）称量的物体必须与天平箱内的温度一致，不得把热的或冷的物体放进天平称量。为了防潮，在天平箱内应放置有吸湿作用的干燥剂。

（7）称量完毕，关闭天平，取出称量物和砝码，将指数盘拨回零位。检查砝码是否全部放回盒内原来的位置和天平内外的清洁，关好侧门。然后检查零点，将使用情况登记在天平使用登记簿上，再切断电源，最后罩上天平罩，将座凳放回原处。

（四）称量方法

1. 直接称量法

先将待称物用托盘天平粗称，然后将其放于分析天平的左盘（单盘天平直接放于盘中），增减右盘的砝码，使天平达到平衡，记砝码、圈码的质量及标尺的读数，总和即是被称物的质量。

2. 固定称量法

先称出器皿的质量（用直接法称），再于右盘中添加指定质量的砝码，在左盘器皿中逐渐加入被称样品，直至两边等重平衡。此法用于称量不易吸水，在空气中稳定的样品。操作时，通常是右手操纵天平，左手持药勺添加样品。如果是全自动电光天平，则正好相反，右手添加样品，而左手操纵天平。

3. 差减称量法

将较多的样品先装于干燥的称量瓶中，按直接称量法称出总质量 $W_1$，然后取出称量瓶，小心倒出所需的样品，再称称量瓶的质量，得数值 $W_2$，倒出样品的质量即为：

$$样品质量 = W_1 - W_2$$

此法用于称量易吸水、易氧化或与 $CO_2$ 起反应的物质，是化学药品称量中最常用的一种方法。称量时应注意手不能直接接触称量瓶，可用纸条裹紧称量瓶进行操作。左手持称量瓶，右手持盖轻敲瓶口上部，使样品慢慢落入容器中。倒完后，慢慢将瓶竖起，用瓶盖轻敲瓶口，使粘在瓶口的试样落回瓶中，然后将瓶盖盖上，送回天平盘上称量。

差减称量法如下图所示。

**差减称量法**

样品所需的量往往很难一次倒准，需要多次尝试，方能达到要求。如果倾出量太多，应将已倾出的样品倒掉，洗净容器，重新称量，不得将已倒出的样品重新倒回称量瓶中。

## 二、电子天平

电子天平（见右图）是根据电磁力平衡原理对样品进行直接称量的。

特点：性能稳定、操作简便、称量速度快、灵敏度高。

能进行自动校正、去皮及质量电信号输出。

1. 电子天平的使用方法

（1）水平调节，水泡应位于水平仪中心。

（2）接通电源，预热30min。

（3）按开关ON，使显示器亮，并显示称量模式0.0000g。

（4）称量：按TAR键，显示为零后。将称量物放入盘中央，待读数稳定后，该数字即为称物体的质量。

（5）去皮称量：按TAR键清零，将空容器放在盘中央，按TAR键显示零，即去皮。将称量物放入空容器中，待读数稳定后，此时天平所示读数即为所称物体的质量。

2. 电子天平显示器显示符号说明

（1）天平接通电源，并按"ON/OFF"开关键，电子天平显示所有符号，电子称量系统自动实现自检功能，当电子天平的显示器显示零时，说明自检过程已经完成，天平已经处于准备使用状态。

（2）如果显示器的右上角显示小0，说明电子天平曾经断过电或者断电时间大于3s。

（3）如果电子天平显示器的左下角显示小0，说明电子天平显示器已经通过开关键关闭，电子天平已经处于待机状态。只要称量需要，可以随时按"ON/OFF"开关键，打开电子天平的显示器，进行称量工作，而不必再进行预热了。

（4）如果电子天平显示器的左上角显示"◇1"符号，说明电子天平正在工作或者繁忙，而不能接受新的指令。

（5）"g"等单位符号，在称量数值稳定后出现，表示可以读取天平显示数值了。所以，它代表稳定符号。

## 三、滴定分析的仪器和基本操作

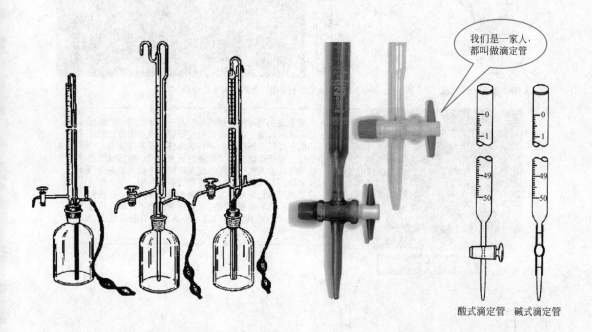

我们是一家人，都叫做滴定管

酸式滴定管　碱式滴定管

### 滴定管的构造

滴定管是滴定时用来准确测量流出标准溶液体积的量器。

主要部分管身是用细长而且内径均匀的玻璃管制成，上面刻有均匀的分度线，下端的流液口为一尖嘴，中间通过玻璃旋塞或乳胶管连接以控制滴定速度。

常量分析用的滴定管标称容量为50mL和25mL，最小刻度为0.1mL，读数可估计到0.01mL。

### 滴定管一般分类

酸式滴定管：下端有玻璃活塞，可盛放酸液及氧化剂，不宜盛放碱液。

碱式滴定管：下端连接一橡皮管，内放一玻璃珠，以控制溶液的流出，下面再连一尖嘴玻璃管，这种滴定管可盛放碱液，而不能盛放酸或氧化剂等腐蚀橡皮的溶液。

### 滴定管的使用及滴定操作步骤

▲ 碱式滴定管排气泡

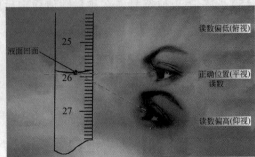

25.52
25.59
25.73

液面凹面

读数偏低(俯视)

正确位置(平视)
读数

读数偏高(仰视)

▲ 目光在不同位置得到的滴定管读数

容量瓶主要是用来精确地配制一定体积和一定浓度的溶液的量器，如用固体物质配制溶液，应先将固体物质在烧杯中溶解后，再将溶液转移至容量瓶中。转移时，要使玻璃棒的下端靠近瓶颈内壁，使溶液沿玻璃棒缓缓流入瓶中，再从洗瓶中挤出少量水淋洗烧杯及玻璃棒2～3次，并将其转移到容量瓶中。接近标线时，要用滴管慢慢滴加，直至溶液的弯月面与标线相切为止。塞紧瓶塞，用左手食指按住塞子，将容量瓶倒转几次直到溶液混匀为止。容量瓶的瓶塞是磨口的，一般是配套使用。

▲ 不同规格容量瓶

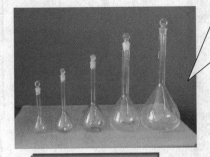

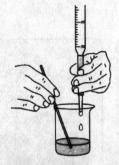

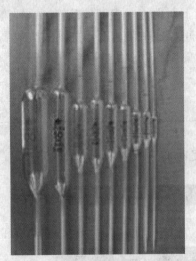

▲ 移液管

移液管用于准确移取一定体积的溶液。通常有两种形状，一种移液管中间有膨大部分，称为胖肚移液管；另一种是直形的，管上有分刻度，称为吸量管。

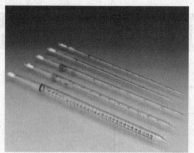

▲ 吸量管

移液管先用自来水洗净后，再用蒸馏水洗3次。然后用被测液再洗3次

吸取溶液时，一般用左手拿洗耳球，右手把移液管插入溶液中吸取(左球右管)。

移液管的使用

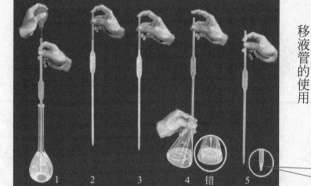

1　2　3　4错　5

当溶液吸至标线以上时，马上用右手食指按住管口，取出，微微移动食指或用大拇指和中指轻轻转动移液管，使管内液体的弯月面慢慢下降到标线处，立即压紧管口；把移液管移入另一容器(如锥形瓶)中，并使管尖与容器壁接触，放开食指让液体自由流出；流完后再等15s左右。

残留于管尖内的液体不必吹出，因为在校正移液管时，未把这部分液体体积计算在内。

　　1.吸溶液：右手握住移液管，左手撳洗耳球多次。2.把溶液吸到管颈标线以下，不时放松食指，使管内液面慢慢下降。3.把液面调节到标线。4.放出溶液：移液管下端紧贴锥形瓶内壁，放开食指，溶液沿瓶壁自由流出。5.残留在移液管尖的最后一滴溶液，一般不要吹掉(如果管上有"吹"字，就要吹掉)。

# 项目一　常用容量玻璃器皿的洗涤

日期_____年_____月_____日

星期_____节次_____

## 一、实训目的

1. 通过实验，学会定量分析实验常用器皿的认领和洗涤；
2. 掌握常用仪器的用途，了解一般使用的注意事项。

## 二、实训仪器和试剂

试剂：固体$K_2Cr_2O_7$、浓$H_2SO_4$、固体$KMnO_4$、10%的NaCl溶液、$H_2C_2O_4 \cdot 2H_2O$、盐酸羟胺、20%的HCl溶液。

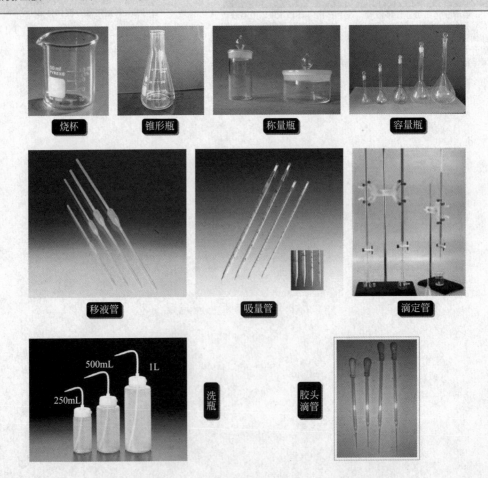

烧杯　　　锥形瓶　　　称量瓶　　　容量瓶

移液管　　　吸量管　　　滴定管

洗瓶　　　胶头滴管

## 三、实训要求

| 化学分析<br>实训卡片 | 实训班级 | 实训场地 | 学时 | 指导教师 |
|---|---|---|---|---|
|  |  |  |  |  |
| 实训项目 | 常用容量器皿的洗涤 | | | |
| 实训任务 | 对化工分析中常用的玻璃容量仪器进行洗涤 | | | |

## 四、实训步骤

1. 铬酸洗涤液（用于不宜用刷子刷洗的器皿）

（1）配制铬酸洗液：10g $K_2Cr_2O_7$ ＋30mL 热水＋170mL 浓硫酸（注意安全！）

（2）洗涤：倒入铬酸洗液10mL 浸泡仪器，根据内壁污染程度浸泡10min 至数小时，然后先用自来水冲洗干净，再用蒸馏水洗涤几次。

要点提示：铬酸洗液使用后，应倒入原来的容器内以便反复使用。如果洗液的颜色变绿（还原成 $Cr^{3+}$ 的硫酸根配合物），表示洗液已经失效，必须重新配制。

结果记录：＿＿＿＿＿＿＿＿＿＿
＿＿＿＿＿＿＿＿＿＿＿＿＿＿＿＿
＿＿＿＿＿＿＿＿＿＿＿＿＿＿＿＿

2. 碱性高锰酸钾溶液洗涤

碱性 $KMnO_4$ 溶液配制：将4g $KMnO_4$ 溶于少量水中，慢慢加入100mL 10%的 NaCl 溶液即可。

要点提示：用于洗涤油腻物及有机物。

结果记录：＿＿＿＿＿＿＿＿＿＿
＿＿＿＿＿＿＿＿＿＿＿＿＿＿＿＿
＿＿＿＿＿＿＿＿＿＿＿＿＿＿＿＿

3. 肥皂液、碱液及合成洗液洗涤

配成浓溶液即可使用。要点提示：用于洗涤油脂及一些有机物（如有机酸等）。

结果记录：＿＿＿＿＿＿＿＿＿＿
＿＿＿＿＿＿＿＿＿＿＿＿＿＿＿＿
＿＿＿＿＿＿＿＿＿＿＿＿＿＿＿＿

4. 酸性草酸和盐酸羟胺洗液洗涤

配制方法：取10g 草酸与1g 盐酸羟胺溶于100mL 20%HCl 溶液中即可。

要点提示：适用于洗涤氧化性物质，如沾有高锰酸钾、三价铁离子等的容器。

结果记录：＿＿＿＿＿＿＿＿＿＿
＿＿＿＿＿＿＿＿＿＿＿＿＿＿＿＿
＿＿＿＿＿＿＿＿＿＿＿＿＿＿＿＿

5．有机溶剂洗液洗涤

可直接取丙酮、乙醚萃取使用或配成NaCl的饱和溶液和乙醇溶液使用。

要点提示：用于洗涤聚合物、油脂及其他有机物。

结果记录：＿＿＿＿＿＿＿＿＿

＿＿＿＿＿＿＿＿＿＿＿＿＿

＿＿＿＿＿＿＿＿＿＿＿＿＿

＿＿＿＿＿＿＿＿＿＿＿＿＿

## 五、思考题

1．如何配制铬酸洗液？

2．酸性草酸洗液可以洗涤哪些物质？

3．能否用酸性高锰酸钾溶液来洗涤油性物质？为什么？

## 六、体会与小结

# 项目二　分析天平的使用

日期_____年_____月_____日
星期_____节次_____

## 一、实训目的

1. 通过实验，学会常用天平的称量方法；
2. 掌握常用仪器的用途，了解一般使用的注意事项。

## 二、仪器和试剂

台秤、半自动天平、电子天平等。

## 三、实训要求

| 化学分析实训卡片 | 实训班级 | 实训场地 | 学时 | 指导教师 |
|---|---|---|---|---|
|  |  |  |  |  |
| 实训项目 | 天平零点和灵敏度的测定 | | | |
| 实训任务 | 练习天平零点和灵敏度的测定 | | | |

## 四、实训步骤

（一）熟悉天平的结构和砝码的组合

对照分析天平，观察熟悉天平各部件的结构、性能及其所处的正确位置和作用。

要点提示：记住各部件的名称，理解其作用。

结果记录：_____

_____

_____

1．观察和调节天平的水平

要点提示：特别注意观察天平水平泡的位置

结果记录：＿＿＿＿＿＿＿＿

＿＿＿＿＿＿＿＿＿＿＿＿＿＿

＿＿＿＿＿＿＿＿＿＿＿＿＿＿

＿＿＿＿＿＿＿＿＿＿＿＿＿＿

2．打开砝码盒，了解砝码组合，认识砝码，并熟悉砝码在盒内的位置。

要点提示：不能用手直接拿取砝码。

结果记录：＿＿＿＿＿＿＿＿

＿＿＿＿＿＿＿＿＿＿＿＿＿＿

＿＿＿＿＿＿＿＿＿＿＿＿＿＿

＿＿＿＿＿＿＿＿＿＿＿＿＿＿

（二）测定天平的零点和灵敏度

1．测定天平的零点

轻轻打开升降旋钮，观察并调整零点（必要时可调节平衡螺丝），连续测定2～3次。

要点提示：操作时一定要"轻开轻关"。

结果记录：＿＿＿＿＿＿＿＿

＿＿＿＿＿＿＿＿＿＿＿＿＿＿

＿＿＿＿＿＿＿＿＿＿＿＿＿＿

＿＿＿＿＿＿＿＿＿＿＿＿＿＿

2．灵敏度的测定

（1）空盘灵敏度的测定　调整好零点后，加10mg片码，观察并记录休止点，计算出空载时的灵敏度及感量。

要点提示：加减砝码一定要关闭天平；称盘不能晃动。

（2）载重灵敏度的测定　用镊子将两个20g砝码分别放在天平的两个秤盘中，调整零点，再加一个10mg的片码，记录休止点，并计算出载重时的灵敏度与感量。

要点提示：注意与空盘灵敏度比较。

结果记录：＿＿＿＿＿＿＿＿

＿＿＿＿＿＿＿＿＿＿＿＿＿＿

＿＿＿＿＿＿＿＿＿＿＿＿＿＿

＿＿＿＿＿＿＿＿＿＿＿＿＿＿

## 五、思考题

1. 半自动电光天平是根据什么原理制成的？
2. 什么是天平的零点？如何调节天平的零点？
3. 什么是天平的平衡点？
4. 如何进行天平灵敏度的测定？

## 六、体会与小结

# 项目三　分析天平的称量练习

日期_____年_____月_____日
星期_____节次_____

## 一、实训目的

1. 掌握分析天平的称量操作的步骤；
2. 掌握递减称量法的操作方法。

## 二、仪器和试剂

表面皿、称量瓶、托盘天平、半自动电光分析天平、铜片、食盐、锥形瓶、镊子。

## 三、实训要求

| 化学分析实训卡片 | 实训班级 | 实训场地 | 学时 | 指导教师 |
|---|---|---|---|---|
| | | | | |
| 实训项目 | 天平称量练习 | | | |
| 实训任务 | 进行直接称量法、固定质量称量法、递减称量法的称量练习 | | | |

## 四、实训步骤

1. 分析天平的零点调节

检查分析天平是否水平；调节指针指向零点。

2. 称量固体试样（铜片）

（1）在托盘天平上粗称表面皿质量，在表面皿上加一小块铜片，粗称总质量；

（2）将表面皿与铜片放在分析天平上，准确称量其总质量，将数据记录填入表中；

（3）取下铜片后，称量表面皿的质量，将数据记录在表中，二者之差即为铜片的质量。

| 铜片编号 | 1 | 2 | 3 |
|---|---|---|---|
| （铜片＋表面皿）质量/g | | | |
| 表面皿质量/g | | | |
| 铜片质量/g | | | |
| 铜片质量/g（平均值） | | | |

3．称量固体试样（食盐）

（1）将一干燥的称量瓶首先放在托盘天平上粗称其质量，然后加入约0.8g的食盐试样，在分析天平上准确称出其质量。

（2）按递减法分三次倒入三个锥形瓶中，分别测出其准确结果，数据填入下表。要求每份食盐的质量均为0.2g左右，称量误差在±0.0001g。

| 试样编号 | 1 | 2 | 3 |
|---|---|---|---|
| （称量瓶＋食盐）质量/g | | | |
| （倾出样品后称量瓶＋食盐）质量/g | | | |
| 食盐质量/g | | | |
| 食盐质量（平均值）/g | | | |

# 五、思考题

1．如何进行天平的零点调试？

2．对物品进行粗称时，一般要保留几位小数？为什么？

3．递减法称量有什么优缺点？

# 六、体会与小结

# 项目四  滴定分析仪器的操作

日期_____年_____月_____日

星期_____节次_____

## 一、实训目的

1. 掌握酸式滴定管、碱式滴定管的安装、洗涤和试漏；
2. 能够正确进行滴定操作和读数，并能正确记录数据；
3. 掌握滴定技巧和确定滴定的终点。

## 二、仪器和试剂

酸式（碱式）滴定管、移液管、吸量管、容量瓶、烧杯、量筒、锥形瓶、洗耳球、洗瓶、滤纸等。

## 三、实训要求

| 化学分析<br>实训卡片 | 实训班级 | 实训场地 | 学时 | 指导教师 |
|---|---|---|---|---|
| | | | | |
| 实训项目 | 滴定管的正确使用 | | | |
| 实训任务 | 进行酸（碱）的滴定操作 | | | |

## 四、实训步骤

1. 滴定管使用前的准备

酸式滴定管使用前应先检查旋塞转动是否灵活，碱式滴定管应先检查是否能灵活控制，然后检查两者是否漏水。

要点提示：酸式滴定管漏水应涂凡士林；碱式滴定管漏水应更换橡皮管。

结果记录：_____

_____

_____

_____

2．装液

（1）装液：在装入标准溶液时，应直接倒入，不得借用任何别的器皿。

要点提示：装入标准溶液前必须用5～10mL标准溶液润洗滴定管2～3次。

（2）排气：对于酸式滴定管可迅速转动旋塞，使溶液很快冲出，将气泡带走；对于碱式滴定管，可把橡皮管向内弯曲，挤动玻璃球，使溶液从尖嘴流出，即可排出气泡。

要点提示：排气后，加标准溶液在"0"刻度以上，再调节液面在"0"刻度处。

结果记录：＿＿＿＿＿＿＿＿＿＿

＿＿＿＿＿＿＿＿＿＿＿＿＿＿＿

＿＿＿＿＿＿＿＿＿＿＿＿＿＿＿

＿＿＿＿＿＿＿＿＿＿＿＿＿＿＿

3．滴定管读数

（1）酸式滴定管：操作步骤按书本内容进行。

（2）碱式滴定管：操作步骤按书本内容进行。

结果记录：＿＿＿＿＿＿＿＿＿＿

＿＿＿＿＿＿＿＿＿＿＿＿＿＿＿

＿＿＿＿＿＿＿＿＿＿＿＿＿＿＿

＿＿＿＿＿＿＿＿＿＿＿＿＿＿＿

操作全过程是：试漏检查—用水润洗—标准溶液润洗—装溶液—排气泡—调节液面至"0"—滴定操作（连续滴加、加一滴、加半滴）

# 五、思考题

1．滴定管在使用前要做什么工作？如何操作？

2．在用滴定管装入标准溶液时，要注意什么问题？

3．在读取滴定管的读数时应该注意哪些问题？为什么？

# 六、体会与小结

＿＿＿＿＿＿＿＿＿＿＿＿＿＿＿＿＿＿＿＿＿＿＿＿＿＿＿＿＿＿＿＿＿＿＿＿＿＿＿＿

＿＿＿＿＿＿＿＿＿＿＿＿＿＿＿＿＿＿＿＿＿＿＿＿＿＿＿＿＿＿＿＿＿＿＿＿＿＿＿＿

＿＿＿＿＿＿＿＿＿＿＿＿＿＿＿＿＿＿＿＿＿＿＿＿＿＿＿＿＿＿＿＿＿＿＿＿＿＿＿＿

# 项目五　0.1mol/L NaOH标准溶液的配制与标定

日期_____年_____月_____日

星期_____节次_____

## 一、实训目的

1. 进一步提高观察指示剂的变色过程的能力，并正确判断终点；
2. 掌握碱式滴定管的操作，练习称量的方法。

## 二、仪器和试剂

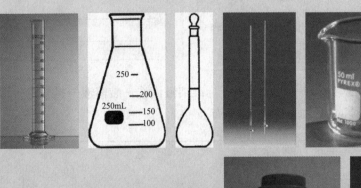

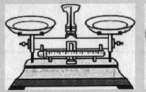  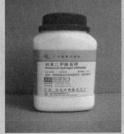 

## 三、实训内容

| 化学分析<br>实训卡片 | 实训班级 | 实训场地 | 学时 | 指导教师 |
|---|---|---|---|---|
|  |  |  |  |  |
| 实训项目 | 碱标准溶液的配制和标定 | | | |
| 实训任务 | 0.1mol/L NaOH标准溶液的配制与标定 | | | |

## 四、实训步骤

1. NaOH标准溶液的配制

要点提示：因NaOH固体有很强的吸水性，故在称量时的速度要快。

结果记录：＿＿＿＿＿＿＿＿＿＿

＿＿＿＿＿＿＿＿＿＿＿＿＿＿＿＿＿＿

＿＿＿＿＿＿＿＿＿＿＿＿＿＿＿＿＿＿

＿＿＿＿＿＿＿＿＿＿＿＿＿＿＿＿＿＿

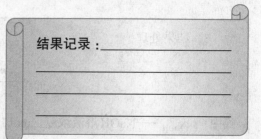

通过计算求出配制500mL 0.1mol/L NaOH溶液所需要的NaOH的质量

在台秤上称出所需质量的NaOH置于烧杯中

用少量蒸馏水溶解，冷却到室温

倒入试剂瓶中，用量筒加蒸馏水稀释至500mL，具塞、摇匀，备用

2. NaOH标准溶液的标定

要点提示：基准物质要先粗称，再进行准确称量。

结果记录：＿＿＿＿＿＿＿＿＿＿

＿＿＿＿＿＿＿＿＿＿＿＿＿＿＿＿＿＿

＿＿＿＿＿＿＿＿＿＿＿＿＿＿＿＿＿＿

＿＿＿＿＿＿＿＿＿＿＿＿＿＿＿＿＿＿

①在分析天平上准确称取0.4～0.5g基准物质邻苯二甲酸氢钾三份

②分别置于250mL的锥形瓶中，加入20～30mL的蒸馏水

③溶解后加1～2滴0.2%的酚酞指示剂

④用NaOH溶液滴至溶液呈粉红色，0.5min内不褪色，即为终点

⑤记录消耗NaOH溶液的体积($V_{NaOH}$)

3．结果处理

$$c_{NaOH} = \frac{m_{邻苯二甲酸氢钾}}{V_{NaOH} M_{邻苯二甲酸氢钾}} \times 10^3$$

式中　　$c_{NaOH}$——NaOH 溶液浓度，mol/L；

　　　　$m_{邻苯二甲酸氢钾}$——邻苯二甲酸氢钾质量，g；

　　　　$V_{NaOH}$——消耗 NaOH 溶液体积，mL；

　　　　$M_{邻苯二甲酸氢钾}$——邻苯二甲酸氢钾摩尔质量，g/mol。

| 项　　目 | 1 | 2 | 3 |
|---|---|---|---|
| $m_{邻苯二甲酸氢钾}$/g | | | |
| 滴定时 NaOH 溶液的初始读物/mL | | | |
| 滴定时 NaOH 溶液的终点读物/mL | | | |
| 消耗 NaOH 溶液体积 $V_{NaOH}$/mL | | | |
| NaOH 溶液的浓度 $c_{NaOH}$/（mol/L） | | | |
| 平均浓度 $c_{NaOH}$/（mol/L） | | | |

## 五、思考题

1．能否用配制好的 NaOH 溶液直接进行标定？为什么？

2．为什么基准物必须准确称取？

3．在滴定中能否用甲基橙或甲基红作指示剂？为什么？

4．为什么要将 NaOH 先制成饱和溶液？

## 六、体会与小结

# 项目六　0.1mol/L HCl标准溶液的配制与标定

```
日期_____年_____月_____日
星期_____节次_____
```

## 一、实训目的

1. 掌握酸标准溶液的配制与标定；
2. 进一步提高观察指示剂的变色过程，并正确判断终点；
3. 掌握酸式滴定管的操作，练习称量的方法。

## 二、仪器和试剂

## 三、实训内容

| 化学分析<br>实训卡片 | 实训班级 | 实训场地 | 学时 | 指导教师 |
|---|---|---|---|---|
| | | | | |
| 实训项目 | 酸标准溶液的配制和标定 | | | |
| 实训任务 | 0.1mol/L HCl标准溶液的配制与标定 | | | |

# 四、实训步骤

1. 盐酸标准溶液的配制

要点提示：因HCl溶液有很强的挥发性，故在量取时的速度要快，且要注意安全。

结果记录：_____
_____
_____
_____

①通过计算求出配制500mL 0.1mol/LHCl溶液所需要的浓HCl溶液的体积

③用少量蒸馏水溶解，冷却到室温，倒入试剂瓶中，用量筒加蒸馏水稀释至500mL，具塞、摇匀，备用

②用量筒量出所需体积的HCl溶液置于烧杯中，用少量蒸馏水溶解

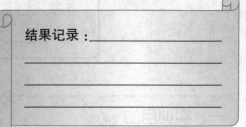

2. HCl标准溶液的标定

要点提示：基准物质要先粗称，再进行准确称量。

结果记录：_____
_____
_____
_____

①在分析天平上准确称取0.15～0.2g基准物质碳酸钠三份

②分别置于250mL的锥形瓶中，加入20～30mL的蒸馏水

③溶解后加1～2滴甲基橙指示剂，用HCl溶液滴至溶液由黄色变为橙色

④将溶液加热煮沸2min，橙色褪去，冷却，继续滴定至橙色，即为终点，记录消耗HCl溶液的体积 $V_{HCl}$

3. 计算及结果处理

$$c_{HCl} = \frac{m_{Na_2CO_3}}{V_{HCl}M_{Na_2CO_3}} \times 10^3$$

式中　　$c_{HCl}$——盐酸的浓度，mol/L；

　　　　$m_{Na_2CO_3}$——$Na_2CO_3$的质量，g；

　　　　$V_{HCl}$——消耗盐酸溶液体积，mL；

　　　　$M_{Na_2CO_3}$——$Na_2CO_3$的摩尔质量，g/mol。

| 项　　目 | 1 | 2 | 3 |
|---|---|---|---|
| $m_{Na_2CO_3}$ /g | | | |
| 滴定时 HCl 溶液的初始读数 /mL | | | |
| 滴定时 HCl 溶液的终点读数 /mL | | | |
| 消耗 HCl 溶液体积 $V_{HCl}$/mL | | | |
| HCl 溶液的浓度 $c_{HCl}$/(mol/L) | | | |
| HCl 平均浓度 $c_{HCl}$/(mol/L) | | | |

# 五、思考题

1. 称取的基准物质是无水碳酸钠还是晶体碳酸钠？
2. 基准物质为什么要进行粗称？
3. 本实验中能否用溴甲酚绿-甲基红混合指示剂进行滴定？
4. 配制的盐酸溶液能否直接进行滴定？为什么？

# 六、体会与小结

_____

_____

_____

# 项目七 烧碱成分含量的测定

日期_____年_____月_____日

星期_____节次_____

## 一、实训目的

1. 学会利用双指示剂测定烧碱中各成分的含量；
2. 进一步掌握滴定的操作要领和终点判断的技能；
3. 通过实验，进一步了解工业制碱生产中如何快速对产品进行检测。

## 二、仪器和试剂

仪器：锥形瓶、量筒、酸式滴定管、天平、容量瓶、移液管、胶头滴管等。

试剂：烧碱、酚酞、盐酸标准溶液、甲基橙、蒸馏水等。

## 三、实训内容

| 化学分析实训卡片 | 实训班级 | 实训场地 | 学时 | 指导教师 |
|---|---|---|---|---|
| | | | | |
| 实训项目 | 烧碱成分含量的测定 | | | |
| 实训任务 | 烧碱成分含量的测定 | | | |

## 四、实训步骤

1. 试液的配制

要点提示：稀释时，注意刻度线。

结果记录：_____

_____

_____

用移液管移取10mL样品于250 mL容量瓶中

用蒸馏水稀释至刻度，摇匀

未知样品

## 2. 滴定

用移液管正确移取15mL已稀释的试液于250mL锥形瓶中加20mL左右的蒸馏水，以0.1mol/L HCl标准溶液滴定到酚酞的红色刚好褪去为止，记下所消耗HCl标准溶液的体积 $V_1$。

结果记录：_____

_____

_____

_____

再加入1~2滴甲基橙指示剂，继续滴定至溶液由黄色变为橙色，记下第二次用去HCl标准溶液的体积 $V_2$；平行测定2次。

要点提示：在第一次指示剂颜色消失后，第二个指示剂要马上加入，并进行滴定。同时注意，第一次读数记下后，不必加标准溶液，直接滴定就可以了。

## 3. 结果处理

| 项 目 | | 数据记录和处理 | |
|---|---|---|---|
| 1号样品 | 第一次滴定读数/mL | | |
| | 第二次滴定读数/mL | | |
| 2号样品 | 第一次滴定读数/mL | | |
| | 第二次滴定读数/mL | | |
| 结果计算 | 1号样品第一次浓度/（mol/L） | 平均值 | |
| | 1号样品第二次浓度/（mol/L） | | |
| | 2号样品第一次浓度/（mol/L） | 平均值 | |
| | 2号样品第二次浓度/（mol/L） | | |
| | 1号样品的误差 | | |
| | 2号样品的误差 | | |
| 备 注 | | | |

## 五、思考题

1. 在配制盐酸溶液时要注意什么问题？
2. 如何判断第一次指示剂刚好颜色消失？
3. 能否先加甲基橙后加酚酞，为什么？

## 六、体会与小结

# 项目八　混合碱的分析（双指示剂法）

> 日期＿＿＿＿＿年＿＿＿＿月＿＿＿＿日
> 星期＿＿＿＿节次＿＿＿＿

## 一、实训目的

1. 进一步熟练滴定操作和滴定终点的判断；
2. 掌握混合碱分析的测定原理、方法和计算。

## 二、实训原理

　　混合碱是 $Na_2CO_3$ 与 NaOH 或 $Na_2CO_3$ 与 $NaHCO_3$ 的混合物，可采用双指示剂法进行分析，测定各组分的含量。

　　在混合碱的试液中加入酚酞指示剂，用 HCl 标准溶液滴定至溶液呈微红色。此时试液中所含 NaOH 完全被中和，$Na_2CO_3$ 也被滴定成 $NaHCO_3$，反应如下：

$$NaOH + HCl \rightleftharpoons NaCl + H_2O$$
$$Na_2CO_3 + HCl \rightleftharpoons NaCl + NaHCO_3$$

　　设滴定体积 $V_1$（mL）。再加入甲基橙指示剂，继续用 HCl 标准溶液滴定至溶液由黄色变为橙色即为终点。此时 $NaHCO_3$ 被中和成 $H_2CO_3$，反应为：

$$NaHCO_3 + HCl \rightleftharpoons NaCl + H_2O + CO_2 \uparrow$$

　　设消耗 HCl 标准溶液的体积 $V_2$（mL）。根据 $V_1$ 和 $V_2$ 可以判断出混合碱的组成。

　　同时注意，第一次读数记下后，不必加标准溶液，直接滴定就可以了。

　　设试液的体积为 $V$ mL。

　　当 $V_1 > V_2$ 时，试液为 NaOH 和 $Na_2CO_3$ 的混合物，NaOH 和 $Na_2CO_3$ 的含量[以质量浓度 $\rho$（g/L）表示]可由下式计算：

$$\rho_{NaOH} = \frac{(V_1 - V_2)c_{HCl}M_{NaOH}}{V}$$

$$\rho_{Na_2CO_3} = \frac{2V_2 c_{HCl}M_{Na_2CO_3}}{2V}$$

式中　$c_{HCl}$——盐酸浓度，mol/L；

　　　$M_{NaOH}$——NaOH 摩尔质量，g/mol；

$M_{Na_2CO_3}$ ——$Na_2CO_3$摩尔质量，g/mol。

当$V_1 < V_2$时，试液为$Na_2CO_3$和$NaHCO_3$的混合物，NaOH 和$Na_2CO_3$的含量[以质量浓度$\rho$（g/L）表示]可由下式计算：

$$\rho_{Na_2CO_3} = \frac{2V_1 c_{HCl} M_{Na_2CO_3}}{2V}$$

$$\rho_{NaHCO_3} = \frac{(V_2 - V_1) c_{HCl} M_{NaHCO_3}}{V}$$

## 三、仪器与试剂

仪器：酸式滴定管、250mL 锥形瓶、250mL 容量瓶、分析天平、烧杯、胶头滴管等。

试剂：无水$Na_2CO_3$（分析纯）、0.1mol/L HCl 标准溶液、甲基橙 1g/L 水溶液、酚酞 2g/L 乙醇溶液、混合碱样。

## 四、实训内容

| 化学分析实训卡片 | 实训班级 | 实训场地 | 学时 | 指导教师 |
|---|---|---|---|---|
| | | | | |
| 实训项目 | 混合碱成分含量的测定 | | | |
| 实训任务 | 混合碱成分含量的测定 | | | |

## 五、实训步骤

1. 盐酸标准溶液的配制与标定

平行测三次噢

准确称取无水碳酸钠一份，约为 1.0～1.2 g

定容于 250mL 容量瓶

取 20.00mL 于 250mL 锥形瓶中，加甲基橙指示剂 1～2 滴，然后用盐酸溶液滴定至溶液由黄色变为橙色，即为终点，由碳酸钠的质量及实际消耗的盐酸的体积计算溶液的物质的量浓度

2. 混合碱分析

三次结果的相对偏差不超过0.2％。

用移液管移取25.00mL混合碱液于250mL锥形瓶中，加2～3滴酚酞，以0.10mol/LHCl标准溶液滴定至红色变为微红色，为第一终点，记下HCl标准溶液体积 $V_1$

再加入2滴甲基橙，继续用HCl标准溶液滴定至溶液由黄色恰变橙色，为第二终点，记下HCl标准溶液体积 $V_2$

平行测定三次，根据 $V_1$、$V_2$ 的大小判断混合物的组成，计算各组分的含量。

第一次加入　⟶　⟵　第二次加入

# 六、记录与数据处理

## 1. 盐酸标准溶液的标定

| 第一次 Na₂CO₃ ＋称量瓶 质量/g | 第二次 Na₂CO₃ ＋称量瓶 质量/g | 第三次 Na₂CO₃ ＋称量瓶 质量/g | 项　目 | 1 | 2 | 3 |
|---|---|---|---|---|---|---|
| | | | 滴定管中HCl溶液的初始读数/mL | | | |
| | | | 滴定管中HCl溶液的终点读数/mL | | | |
| | | | 消耗HCl溶液体积 $V_{HCl}$/mL | | | |
| | | | $c_{HCl}$/（mol/L） | | | |
| | | | 平均值 | | | |
| $\rho_1$/(g/L) | | $\rho_2$/(g/L) | 相对偏差 | | | |

## 2. 混合碱分析

| HCl标准溶液浓度/（mol/L） | | | |
|---|---|---|---|
| 混合碱体积/mL | 25.00 | 25.00 | 25.00 |
| 滴定管的HCl溶液的初始读数/mL | | | |
| 第一终点读数/mL | | | |
| 第二终点读数/mL | | | |
| 第一终点时，消耗HCl标准溶液体积 $V_1$/mL | | | |
| 第二终点时，消耗HCl标准溶液体积 $V_2$/mL | | | |
| 平均 $V_1$/mL | | | |
| 平均 $V_2$/mL | | | |
| $\rho_{NaOH}$/（g/L） | | | |
| $\rho_{Na_2CO_3}$/（g/L） | | | |
| $\rho_{NaHCO_3}$/（g/L） | | | |

## 七、思考题

1．用双指示剂法测定混合碱组成的方法原理是什么？

2．采用双指示剂法测定混合碱，试判断下列五种情况下混合碱的组成。

（1）$V_1=0$、$V_2>0$

（2）$V_1>0$、$V_2=0$

（3）$V_1>V_2$

（4）$V_1<V_2$

（5）$V_1=V_2$

## 八、注意事项

1．混合碱系 NaOH 和 $Na_2CO_3$ 组成时，酚酞指示剂可适当多加几滴，否则常因滴定不完全使 NaOH 的测定结果偏低，$Na_2CO_3$ 的测定结果偏高。

2．最好用 $NaHCO_3$ 的酚酞溶液（浓度相当）作对照。在达到第一终点前，不要因为滴定速度过快，造成溶液中 HCl 局部过浓，引起 $CO_2$ 的损失，带来较大的误差，滴定速度也不能太慢，摇动要均匀。

3．近终点时，一定要充分摇动，以防形成 $CO_2$ 的过饱和溶液而使终点提前到达。

## 九、体会与小结

_____

_____

_____

# 项目九 铵盐中氮含量的测定——甲醛法

日期_____年_____月_____日
星期_____节次_____

## 一、实训目的

1. 进一步熟练掌握容量分析常用仪器的操作方法和酸碱指示剂的选择原理；
2. 掌握用 $KHC_8H_4O_4$ 标定 NaOH 标准溶液的过程及反应机理；
3. 了解把弱酸强化为可用酸碱滴定法直接滴定的强酸的方法；
4. 掌握用甲醛法测铵态氮的原理和方法。

## 二、实训原理

1. 铵盐中氮含量的测定

硫酸铵是常用的氮肥之一，是强酸弱碱的盐，可用酸碱滴定法测定其含氮量。但由于 $NH_4^+$ 的酸性太弱（$K_a = 5.6×10^{-10}$），不能直接用 NaOH 标准溶液准确滴定，生产和实验室中广泛采用甲醛法进行测定。

将甲醛与一定量的铵盐作用，生成相当量的酸（$H^+$）和质子化的六亚甲基四胺（$K_a = 7.1×10^{-6}$），反应如下：

$$4NH_4^+ + 6HCHO \longrightarrow (CH_2)_6N_4H^+ + 3H^+ + 6H_2O$$

生成的 $H^+$ 和质子化的六亚甲基四胺（$K_a=7.1×10^{-6}$），均可被 NaOH 标准溶液准确滴定（弱酸 $NH_4^+$ 被强化）。

$$(CH_2)_6N_4H^+ + 3H^+ + 4NaOH \longrightarrow 4H_2O + (CH_2)_6N_4 + 4Na^+$$

4mol $NH_4^+$ 相当于4mol的 $H^+$，相当于4mol的 $OH^-$，相当于4mol的 N，所以氮与 NaOH 的化学计量数比为1。

化学计量点时溶液呈弱碱性（六亚甲基四胺为有机碱），可选用酚酞作指示剂。

终点：无色→微红色（30s内不褪色）

注意：（1）若甲醛中含有游离酸（甲醛受空气氧化所致，应除去，否则产生正误差），应事先以酚酞为指示剂，用 NaOH 溶液中和至微红色（pH≈8）。

（2）若试样中含有游离酸（应除去，否则产生正误差），应事先以甲基红为指示剂，用 NaOH 溶液中和至黄色（pH≈6）（能否用酚酞指示剂？）。

2. NaOH 标准溶液的标定

用基准物质（邻苯二甲酸氢钾，草酸）准确标定出 NaOH 溶液的浓度本实验所用基准物为邻苯二甲酸氢钾。

（1）邻苯二甲酸氢钾的优点：易制得纯品，在空气中不吸水，易保存，摩尔质量大，与 NaOH 反应的计量比为 1 ：1。

$KHC_8H_4O_4$ 在 100 ～ 125℃下干燥 1 ～ 2h 后使用。

化学计量点时，溶液呈弱碱性（pH ≈ 9.20），可选用酚酞作指示剂。

（2）草酸 $H_2C_2O_4 \cdot 2H_2O$：在相对湿度为 5% ～ 95% 时稳定（能否放置在干燥器中保存？），用不含 $CO_2$ 的水配制草酸溶液，且暗处保存。注意：光和 $Mn^{2+}$ 能加快空气氧化草酸，草酸溶液本身也能自动分解。

滴定反应为：$H_2C_2O_4 + 2NaOH \Longrightarrow Na_2C_2O_4 + 2H_2O$

化学计量点时，溶液呈弱碱性（pH ≈ 8.4），可选用酚酞作指示剂。

## 三、仪器与试剂

▲ 常用分析仪器

▲ 干燥箱

▲ 电子天平

▲ 托盘天平

▲ 干燥器

▲ 称量瓶

▲ NaOH

▲ 0.2%甲基红

▲ 20%甲醛溶液

▲ 酚酞指示剂
（0.2%乙醇溶液）

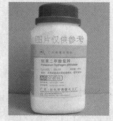
▲ 邻苯二甲酸氢钾(s)(A.R.，在100～125℃下
干燥1h后，置于干燥器中备用)

## 四、实训步骤

**1．0.1mol/L NaOH溶液的配制与标定**

用差减法准确称取0.4～0.6g已烘干的邻苯二甲酸氢钾三份，分别敲入三个已编号的250mL锥形瓶中，加40～50mL水溶解（可稍加热以促进溶解），加1～2滴酚酞后用NaOH溶液滴定至微红色（30s内不褪），记录$V_{NaOH}$，计算$c_{NaOH}$和标定结果的相对偏差。

**2．甲醛溶液的处理**

取原装甲醛（40%）的上层清液20mL于烧杯中，用水稀释一倍，加入2～3滴0.2%的酚酞指示剂，用0.1mol/L的NaOH溶液中和至甲醛溶液呈微红色。（要不要记录$V_{NaOH}$？）

**3．试样中含氮量的测定**

准确称取（称大样）2g $(NH_4)_2SO_4$肥料于小烧杯中，用适量蒸馏水溶解，定量地转移至250mL容量瓶中，用蒸馏水稀释至刻度，摇匀。

用移液管移取试液25.00mL于250mL锥形瓶中，加1滴甲基红指示剂，用0.1mol/L NaOH溶液中和至黄色。加入10mL已中和的（1∶1）甲醛溶液，再加入1～2滴酚酞指示剂摇匀，静置1min后（强化酸），用0.1mol/L NaOH标准溶液滴定至溶液呈微橙色，并持续0.5min不褪，即为终点（终点为甲基红的黄色和酚酞红色的混合色）。记录滴定所消耗的NaOH标准溶液的读数，平行做3次。根据NaOH标准溶液的浓度和滴定消耗的体积，计算试样中氮的含量和测定结果的相对偏差。

## 五、数据处理

硫酸铵肥料中含氮量的测定（甲醛法）。

| 项目 ＼ 次数 | 1 | 2 | 3 |
|---|---|---|---|
| $m$（试样）/g | | | |
| $(NH_4)_2SO_4$溶液总体积/mL | | | |
| 滴定时移取$V_{(NH_4)_2SO_4}$/mL | | | |
| $c_{NaOH}$/（mol/L） | | | |
| $V_{NaOH}$/mL | | | |
| 相对偏差 | | | |
| 平均相对偏差 | | | |

## 六、思考题

1. $NH_4^+$ 为 $NH_3$ 的共轭酸，为什么不能直接用 NaOH 溶液滴定？

2. $NH_4NO_3$、$NH_4Cl$ 或 $NH_4HCO_3$ 中的含氮量能否用甲醛法测定？为什么？

3. 为什么中和甲醛中的游离酸用酚酞指示剂，而中和 $(NH_4)_2SO_4$ 试样中的游离酸用甲基红指示剂？

## 七、注意事项

1. 强调甲醛中的游离酸和 $(NH_4)_2SO_4$ 试样中的游离酸的处理方法。

2. 强调试样中含氮量的测定中终点颜色的变化。

3. 强调对组成不太均匀的试样的称样要求。

## 八、体会与小结

_____

_____

_____

# 项目十　0.05mol/L EDTA标准溶液的配制与标定

日期_____年_____月_____日

星期_____节次_____

## 一、实训目的

1. 掌握EDTA标准溶液的配制与标定；
2. 熟悉配位滴定法的特点；
3. 了解乙二胺四乙酸二钠盐的性质和用途。

## 二、仪器与试剂

仪器：锥形瓶、量筒、酸式滴定管、分析天平、容量瓶、移液管等。

试剂：铬黑T、EDTA、ZnO、氯水NH₃-NH₄Cl缓冲液、蒸馏水等。

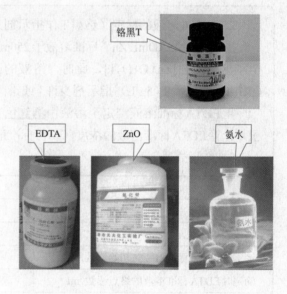

铬黑T　EDTA　ZnO　氨水

## 三、实训内容

| 化学分析实训卡片 | 实训班级 | 实训场地 | 学时 | 指导教师 |
|---|---|---|---|---|
|  |  |  |  |  |
| 实训项目 | 0.05mol/L EDTA标准溶液的配制与标定 | | | |
| 实训任务 | 配制EDTA标准溶液并标定其浓度 | | | |

## 四、实训步骤

### 1. 锌溶液的配制

要点提示：ZnO必须于900℃灼烧至恒重于小烧杯中加20mL 20% HCl后迅速盖上表面皿（必要时加热）。

结果记录：_____

_____

_____

_____

①准确称取900℃灼烧至恒重的基准物质ZnO 1.5g

②于小烧杯中加20mL 20%HCl后迅速盖上表面皿(必要时加热)促其溶解，再加入适量水

③然后转入250mL容量瓶中稀释、定容（平行测定两份）

### 2. EDTA溶液的标定（铬黑T作指示剂）

准确移取25.00mL $Zn^{2+}$标准溶液于250mL锥形瓶中，加20mL水，滴加氨水（1＋1）至刚出现浑浊[Zn（OH）$_2$↓]，此时，溶液的pH为8，然后加10mL $NH_3$·$NH_4Cl$缓冲溶液（pH=10）、铬黑T（5g/L）指示剂少许［或铬黑T（5g/L）指示剂1～4滴］。

用EDTA标准溶液滴定至溶液由<u>酒红色</u>变为<u>纯蓝色</u>即为终点。记录所用EDTA的体积，计算EDTA标准溶液的浓度（二份标准液各平行测定二份）。

### 3. 结果处理

| 项　　目 | 1 | 2 |
|---|---|---|
| ZnO的质量/g | | |
| 移取ZnO体积/mL | | |
| 滴定时EDTA标准溶液的初始读数/mL | | |
| 滴定时EDTA标准溶液的终点读数/mL | | |
| 滴定消耗EDTA标准溶液体积$V$/mL | | |
| $c_{EDTA}$/（mol/L） | | |
| EDTA平均浓度/（mol/L） | | |
| 相对偏差 | | |

$$c_{EDTA} = \frac{m_{ZnO}}{V_{EDTA}M_{ZnO}} \times 10^3$$

式中　$c_{EDTA}$——EDTA标准溶液的浓度，mol/L；

$m_{ZnO}$——ZnO基准物质的质量，g；

$V_{EDTA}$——滴定时消耗EDTA标准溶液的体积，mL；

$M_{ZnO}$——ZnO基准物质的摩尔质量，g/mol。

## 五、思考题

1. 为什么要准确称取900℃灼烧至恒重的基准物质ZnO？
2. 滴加氨水（1＋1）至刚出现浑浊[$Zn(OH)_2$↓]，能否过量？为什么？

## 六、体会与小结

　

　

　

　

小知识

### 食品添加剂

食品添加剂是现代食品工业的灵魂。所谓食品添加剂，是指为改善食品品质和色、香、味，以及为防腐和加工工艺的需要而加入食品的化学合成或天然物质。

常见食品添加剂的种类有：防腐剂、抗氧化剂、着色剂、增稠剂和稳定剂、增味剂、乳化剂、膨松剂。

在我国，一种物质成为食品添加剂需要经过严格的评估。安全性评估主要包括3个方面：毒理试验、食品添加剂毒理划分、最大用量的确定。

按标准使用食品添加剂对人体无害。食品添加剂根据其化学组成可以分为两类。一类是一般食品营养成分类食品添加剂，它们的代谢及在人体内的消化吸收方式也与一般食品营养成分相类似，因此基本上对人体无害。另一大类是非营养成分类食品添加剂，这类代谢产物只有达到一定的剂量才会对人体有害，因此只要按照国家标准合理使用食品添加剂，是不会有危害的，更不会对人体致癌。

非食用物质不是食品添加剂。非食用物质不属于食品原料，不属于批准使用的新资源食品，不属于卫生部公布的食药两用或作为普通食品管理物质。例如，近年来查处的非食用物质有苏丹红、三聚氰胺、甲醛、孔雀石绿、瘦肉精等。

# 项目十一  自来水总硬度测定

日期_____年_____月_____日

星期_____节次_____

## 一、实训目的

1. 熟悉配位滴定的测定方法及相关计算；
2. 掌握铬黑T指示剂的用法及终点变色的判断；
3. 练习滴定基本操作。

## 二、仪器与试剂

仪器：分析天平、酸碱滴定管、滴定夹、滴定台、聚乙烯瓶、锥形瓶、移液管、容量瓶、250mL烧杯、洗瓶、洗耳球、干燥箱（即电烘箱）等。

试剂：分析纯EDTA二钠盐、$NH_3$-$NH_4Cl$缓冲液、钙指示剂、铬黑T指示剂（或铬黑T：NaCl＝1：100固体指示剂）、去污粉、铬酸洗液、凡士林。

## 三、实训内容

| 化学分析实训卡片 | 实训班级 | 实训场地 | 学时 | 指导教师 |
|---|---|---|---|---|
| | | | | |
| 实训项目 | EDTA滴定液的稀释及硬度测定 | | | |
| 实训任务 | 总硬度测定 | | | |

## 四、实训步骤

1. EDTA滴定液的稀释

用移液管吸取上次实验配制的0.05mol/L浓EDTA溶液50.00mL，置于250mL容量瓶中

加蒸馏水稀释至标线，摇匀，待用

## 2. 总硬度测定

①用吸量管吸取水样100.00mL，置于250mL锥形瓶

②加10mLNH₃-NH₄Cl缓冲液和铬黑T指示剂3滴(或加铬黑T∶NaCl＝1∶100的固体指示剂一小撮约30mg)

③用稀释后的0.01mol/L EDTA滴定液滴定至由酒红色变为蓝色，即为终点。记录消耗EDTA标准溶液的体积$V_2$

以$CaCO_3$计的水样总硬度$\rho_{总}$的计算：

$$\rho_{总} = \frac{c_{EDTA}V_2M_{CaCO_3}}{100.00 \times 10^{-3}}$$

式中　　$\rho_{总}$——水样总硬度，mg/L；

$c_{EDTA}$——EDTA标准溶液的浓度，mol/L；

$V_2$——消耗EDTA标准溶液的体积，mL；

$M_{CaCO_3}$——$CaCO_3$的摩尔质量，g/mol。

## 3. $Ca^{2+}$、$Mg^{2+}$的测定

①取水样100.0mL，置于锥形瓶中

②滴加NaOH溶液后，使$Mg(OH)_2$沉淀完全析出，再滴加1滴NaOH溶液，仔细观察，如不再出现沉淀，即可加入钙指示剂一小撮

③用0.01mol/L EDTA滴定液滴定，并不断振摇，滴至溶液由酒红色变为纯蓝色为终点，记录消耗EDTA体积$V_1$

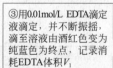

水样中 $Ca^{2+}$、$Mg^{2+}$含量的计算：

$$\rho_{Ca^{2+}} = \frac{c_{EDTA} V_1 M_{Ca}}{100.00 \times 10^{-3}}$$

$$\rho_{Mg^{2+}} = \frac{c_{EDTA}(V_2 - V_1) M_{Mg}}{100.00 \times 10^{-3}}$$

式中　　$\rho_{Ca^{2+}}$——水样中 $Ca^{2+}$的质量浓度，mg/L；

　　　　$\rho_{Mg^{2+}}$——水样中 $Mg^{2+}$的质量浓度，mg/L；

　　　　$c_{EDTA}$——EDTA 标准溶液的浓度，mol/L；

　　　　$V_1$——测定总硬度时消耗 EDTA 标准溶液的体积，mL；

　　　　$V_2$——测定 $Ca^{2+}$含量时消耗 EDTA 标准溶液的体积，mL；

　　　　$M_{Ca}$——Ca 的摩尔质量，g/mol；

　　　　$M_{Mg}$——Mg 的摩尔质量，g/mol。

平行测定三次，求其相对平均偏差。

## 五、注意事项

1. 铬黑 T 用量要适度。

2. 钙指示剂的加入时间要准确，必须在用氢氧化钠将水中的镁离子完全沉淀后再加入。

## 六、思考题

1. 铬黑 T 的变色为何由酒红色变为蓝色？

2. 钙指示剂的作用是什么？它怎样变色？

3. 为什么水样要取 100.00mL，而滴定液浓度只有 0.01mol/L。

## 七、体会与小结

_____

_____

_____

_____

_____

**小知识**

### 什么是水的硬度？

水的硬度分为总硬度、碳酸盐硬度和非碳酸盐硬度。

碳酸盐硬度（又称暂时硬度），主要化学成分是钙、镁的重碳酸盐，其次是钙、镁的碳酸盐。由于这些盐类一经加热煮沸就分解成为溶解度很小的碳酸盐，硬度大部分可除去，故又称暂时硬度。

非碳酸盐硬度（又称永久硬度）表示水中钙、镁的氯化物、硫酸盐、硝酸盐等盐类的含量。这些盐类经加热煮沸不会产生沉淀，硬度不变化，故又称永久硬度。

水的总硬度是暂时硬度和永久硬度之和。

水硬度的表示方法很多，在我国主要采用两种表示方法：（1）以度（°）计，以每升水中含10mg CaO为1度（°），也称为德国度。（2）用$CaCO_3$含量表示，单位mg/L。

# 项目十二 硫酸镍样品中镍含量的测定

日期_____年_____月_____日

星期_____节次_____

## 一、实训目的

1. 熟悉EDTA测定过程中的基本原理；
2. 熟悉紫脲酸铵混合指示剂使用方法；
3. 熟悉紫脲酸铵混合指示剂测定的终点判断。

## 二、仪器与试剂

仪器：托盘天平、分析天平、锥形瓶、滴定管、滴定台、烧杯、胶头滴管、量筒等。

试剂：紫脲酸铵混合指示剂、0.05mol/LEDTA溶液、$NH_3$-$NH_4Cl$缓冲溶液（pH≈10）、硫酸镍样品液、蒸馏水等。

## 三、实训内容

| 化学分析实训卡片 | 实训班级 | 实训场地 | 学时 | 指导教师 |
|---|---|---|---|---|
| | | | | |
| 实训项目 | 硫酸镍样品中镍含量的测定 | | | |
| 实训任务 | 硫酸镍样品中镍含量的测定 | | | |

## 四、实训步骤

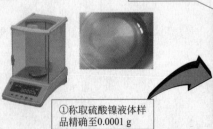

②于250mL锥形瓶中，加入70mL蒸馏水

③加10mL $NH_3$-$NH_4Cl$缓冲溶液(pH≈10)

④加0.2g紫脲酸铵混合指示剂，摇匀

⑤用已标定好的0.05mol/L EDTA标准滴定溶液滴定至溶液呈蓝紫色

①称取硫酸镍液体样品精确至0.0001 g

## 五、结果记录

| 项目 | | 1 | 2 | 3 | 4 | 备用 |
|---|---|---|---|---|---|---|
| 样品称量 | $m_{倾样前}$/g | | | | | |
| | $m_{倾样后}$/g | | | | | |
| | $m_{硫酸镍}$/g | | | | | |
| 滴定时EDTA标准溶液的初始读数/mL | | | | | | |
| 滴定时EDTA标准溶液的终点读数/mL | | | | | | |
| 消耗EDTA标准溶液体积 $V_{EDTA}$/mL | | | | | | |
| $c_{EDTA}$/（mol/L） | | | | | | |
| $w_{Ni}$/（g/kg） | | | | | | |
| $\overline{\omega}_{Ni}$/（g/kg） | | | | | | |
| 相对极差/% | | | | | | |

计算镍的质量分数 $w_{Ni}$：

$$w_{Ni} = \frac{c_{EDTA} V_{EDTA} M_{Ni}}{m \times 1000} \times 1000$$

式中　$w_{Ni}$——镍的质量分数，g/kg；

$c_{EDTA}$——EDTA标准溶液的浓度，mol/L；

$V_{EDTA}$——滴定时消耗的EDTA标准溶液的体积，mL；

$M_{Ni}$——镍的摩尔质量，58.69g/mol；

$m$——硫酸镍试样的质量，g。

## 六、注意事项

1. 所有容量瓶稀释至刻度后必须请教师复查确认后才可摇匀。
2. 称取硫酸镍液体样品时的试剂瓶必须用表面皿或培养皿作衬底。

## 七、思考题

1. 为什么称量硫酸镍样品必须精确到0.0001g？
2. 加 $NH_3$-$NH_4Cl$ 缓冲溶液的目的是什么？
3. 如何进行紫脲酸铵指示剂终点的判断？

## 八、体会与小结

小知识

## 什么是苏丹红？

苏丹红并非食品添加剂，而是一种化学染色剂。它的化学成分中含有一种叫萘的化合物，该物质具有偶氮结构，由于这种化学结构的性质决定了它具有致癌性，对人体的肝肾器官具有明显的毒性作用。苏丹红属于化工染色剂，主要用于石油、机油和其他的一些工业溶剂中，目的是使其增色，也用于鞋、地板等的增光。

## 如何鉴别苏丹红？

有个简单易行的初步排除苏丹红的办法，如果市民怀疑某种着色剂可能是苏丹红，可以看它是否易溶于水、易溶于有机溶剂如氯仿等。市民也可登录www. aqsiq. gov. cn（国家质量监督检验检疫总局）的网址来查询相关的方法。

# 项目十三 酸性钴溶液中钴含量的测定

日期_____年_____月_____日

星期_____节次_____

## 一、实训目的

1. 熟悉EDTA测定过程中的基本原理；
2. 熟悉紫脲酸铵混合指示剂使用方法；
3. 熟悉终点前1mL时加指示剂测定的终点判断。

## 二、仪器与试剂

仪器：托盘天平、分析天平、锥形瓶、滴定管、滴定台、烧杯、胶头滴管、量筒等

试剂：紫脲酸铵混合指示剂、0.05mol/L EDTA溶液、NH₃-NH₄Cl缓冲溶液（pH≈10）、酸性钴溶液样品、蒸馏水等。

## 三、实训内容

| 化学分析<br>实训卡片 | 实训班级 | 实训场地 | 学时 | 指导教师 |
|---|---|---|---|---|
| | | | | |
| 实训项目 | 酸性钴溶液中钴含量的测定 | | | |
| 实训任务 | 酸性钴溶液中钴含量的测定 | | | |

## 四、实训步骤

①准确移取酸性钴溶液样品25.00mL(不得从原瓶中直接移取溶液)

②于250mL锥形瓶中，加入25mL蒸馏水；调溶液pH为适当

③用标准滴定溶液($c_{EDTA}$=0.05mol/L)滴定至终点前约1mL时，加10mL NH₃-NH₄Cl缓冲溶液(pH≈10)及0.2 g紫脲酸铵指示剂

④继续滴定至溶液呈紫红色。平行测定3次

⑤允许预滴定1次

## 五、结果记录

| 项目 | | 1 | 2 | 3 | 预滴定 | 备用 |
|---|---|---|---|---|---|---|
| 试液移取 | 移液管标示体积/mL | | | | | |
| | 移液管实际体积/mL | | | | | |
| | 样品实际体积/mL | | | | | |
| 滴定时初始读数/mL | | | | | | |
| 滴定时 EDTA 标准溶液终点读数/mL | | | | | | |
| 滴定消耗 EDTA 标准溶液体积 $V_{EDTA}$/mL | | | | | | |
| $c_{EDTA}$/（mol/L） | | | | | | |
| $\rho_{Co}$/（g/L） | | | | | | |
| $\bar{\rho}_{Co}$/（g/L） | | | | | | |
| 相对极差/% | | | | | | |

酸性钴溶液中钴含量计算：

$$\rho_{Co} = \frac{c_{EDTA} V_{EDTA} M_{Co}}{V_{试样} \times 1000} \times 1000$$

式中　　$\rho_{Co}$——钴的质量浓度，g/L；

　　　　$c_{EDTA}$——EDTA 标准溶液浓度，mol/L；

　　　　$V_{EDTA}$——滴定消耗 EDTA 标准溶液体积，mL；

　　　　$M_{Co}$——钴的摩尔质量，58.93g/mol；

　　　　$V_{试样}$——试样体积，mL。

## 六、注意事项

1. 所有原始数据必须请裁判复查确认后才有效，否则考核成绩为零分。
2. 所有容量瓶稀释至刻度后必须请裁判复查确认后才可摇匀。
3. 记录原始数据时，不允许在报告单上计算，待所有的操作完毕后才允许计算。
4. 滴定消耗溶液体积若>50mL 以 50mL 计算。

## 七、思考题

1. 移取酸性钴溶液样品为什么不得从原瓶中直接移取溶液？
2. 本实验为什么可以做一次预测定？
3. 为什么用标准滴定溶液滴定至终点前约 1mL 时，加 10mL $NH_3$-$NH_4Cl$ 缓冲溶液（pH ≈ 10）及 0.2g 紫脲酸铵指示剂？

## 八、体会与小结

_____

_____

_____

# 项目十四　硝酸银滴定液的配制和标定（铬酸钾指示剂法）

日期_____年_____月_____日

星期_____节次_____

## 一、实训目的

1. 学会0.1mol/L AgNO₃滴定液的间接配制和标定方法；
2. 会根据沉淀颜色变化确定终点；
3. 进一步练习滴定分析基本操作。

## 二、仪器与试剂

仪器：酸碱滴定管、滴定夹、滴定台、锥形瓶、移液管、容量瓶、250mL烧杯、洗瓶、洗耳球、干燥箱（即电烘箱）等。

试剂：分析纯硝酸银、$K_2CrO_4$指示剂、基准NaCl、去污粉、铬酸洗液、凡士林、蒸馏水等。

## 三、实训内容

| 化学分析 实训卡片 | 实训班级 | 实训场地 | 学时 | 指导教师 |
|---|---|---|---|---|
|  |  |  |  |  |
| 实训项目 | 0.1mol/L AgNO₃滴定液的配制和标定 | | | |
| 实训任务 | 0.1mol/L AgNO₃滴定液的配制和标定 | | | |

## 四、实训步骤

1. 0.1mol/L AgNO₃滴定液的配制

用台秤称取硝酸银4.3g，加蒸馏水溶解成250mL溶液；置于棕色试剂瓶中，混匀，待标定

2. 0.1mol/L AgNO₃ 滴定液的标定

①精密称取干燥至恒重的氯化钠固体 0.15g(三份)

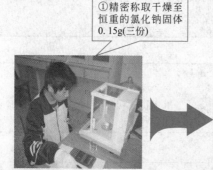

②分别置于250mL锥形瓶中，各加50mL蒸馏水，使溶解

③加 $K_2CrO_4$ 指示剂 (50g/L)1mL，在用力振摇下，用待标定的 AgNO₃滴定液滴至出现砖红色沉淀即为终点，记录消耗 AgNO₃ 滴定液的体积 $V_{AgNO_3}$

## 五、结果处理

| 项目 | 1 | 2 | 3 |
|---|---|---|---|
| NaCl固体质量 $m_{NaCl}$/g | | | |
| 滴定时 AgNO₃ 溶液的初始体积/mL | | | |
| 滴定时 AgNO₃ 溶液的终点体积/mL | | | |
| 滴定时消耗 AgNO₃ 溶液体积 $V_{AgNO_3}$/mL | | | |
| AgNO₃ 的浓度 $c_{AgNO_3}$/（mol/L） | | | |
| AgNO₃ 的平均浓度 $\overline{c}_{AgNO_3}$/（mol/L） | | | |
| 相对平均偏差/% | | | |

按下式计算 AgNO₃ 滴定液的浓度：

$$c_{AgNO_3} = \frac{m_{NaCl} \times 1000}{M_{NaCl}(V_{AgNO_3} - V_{空白})}$$

式中 $c_{AgNO_3}$——AgNO₃ 溶液浓度，mol/L；

$m_{NaCl}$——NaCl质量，g；

$M_{NaCl}$——NaCl摩尔质量，g/mol；

$V_{AgNO_3}$——滴定时消耗 AgNO₃ 溶液体积，mL；

$V_{空白}$——空白试验时消耗 AgNO₃ 溶液体积，mL。

平行标定三次，计算相对平均偏差。

## 六、注意事项

1. 硝酸银可与皮肤角质蛋白（以及衣物等其他接触面物质）结合成黑色蛋白银，短期难以消退。故本次实验的移液操作中，严禁用口代替洗耳球吸取。

2. 硝酸银及其滴定液以及滴定反应产生的银盐沉淀，均见光、受热易分解，产生黑色银污染。

## 七、思考题

1. 本法采用的是直接法还是间接法配制硝酸银？从哪些操作步骤可以看出？
2. 如果采用直接法配制，则还需要什么仪器？

## 八、体会与小结

_____

_____

_____

*科学史话*

### 中国分析化学家——梁树权

梁树权（1912—2006）中国分析化学家。广东省香山县（今中山市）人。1912年9月17日生。1933年毕业于燕京大学化学系，获理学学士学位。1934年赴德国留学。1937年获慕尼黑大学自然哲学科博士学位，继在奥地利维也纳大学分析化学系从事无机微量化学研究。1938年回国，历任成都华西大学化学系副教授、重庆大学化学系教授兼系主任。1947～1949年，在中央研究院化学研究所任研究员。中华人民共和国成立后历任中国科学院物理化学研究所、长春综合研究所、沈阳金属研究所、上海有机化学研究所和化学研究所研究员。

梁树权

1955年受聘为中国科学院数学物理学化学部学部委员。曾任《化学学报》主编、英国出版的国际性分析化学杂志《塔兰塔》顾问编辑、中国化学会理事、《分析化学》等刊编委。

梁树权1939年发表的有关《铁原子量修订》的博士论文中的数值，于次年为国际原子量委员会所采用并沿用至今。曾从事硫酸根、氟离子、钨、钼、稀土元素等分析方法的研究，殷商古青铜的分析，以及微量和痕量分析方法的研究。以包头白云矿稀土及稀有元素分析方法研究项目，与共同工作者同获1978年全国科学大会奖。发表论文90余篇，著译书籍有《铁矿分析法》、《容量分析法》、《无机微量分析》等。

# 项目十五  0.1mol/L NH₄SCN滴定液的配制与标定

日期_____年_____月_____日

星期_____节次_____

## 一、实训目的

1. 学会0.1mol/L NH₄SCN滴定液的配制和标定方法；
2. 知道根据沉淀上清液颜色变化确定滴定终点的方法；
3. 进一步练习滴定分析基本操作；
4. 熟练沉淀滴定操作。

## 二、仪器与试剂

仪器：酸碱滴定管、滴定夹、滴定台、锥形瓶、移液管、容量瓶、250mL烧杯、洗瓶、洗耳球、干燥箱（即电烘箱）等。

试剂：分析纯NH₄SCN、铁铵矾指示剂、0.1mol/L AgNO₃、去污粉、铬酸洗液、凡士林、蒸馏水等。

## 三、实训内容

| 化学分析<br>实训卡片 | 实训班级 | 实训场地 | 学时 | 指导教师 |
|---|---|---|---|---|
|  |  |  |  |  |
| 实训项目 | 0.1mol/L NH₄SCN滴定液的配制和标定 | | | |
| 实训任务 | 0.1mol/L NH₄SCN滴定液的配制和标定 | | | |

## 四、实训步骤

1. 1mol/L NH₄SCN滴定液的配制

①用台秤称取NH₄SCN约2.3g

②置于250mL烧杯内，加少量蒸馏水溶解，稀释至250 mL

③搅拌均匀，装入试剂瓶待标定

2. 1mol/L NH₄SCN滴定液的标定

①精密量取0.1mol/L的 AgNO₃滴定液20.00mL

②置于锥形瓶中，加稀 HNO₃2mL酸化，加铁铵 矾指示剂1mL

③在充分振摇下用待标定的 0.1mol/L NH₄SCN滴定液滴 至上层清液呈淡红色为终点

记录消耗NH₄SCN的体积，按下式计算NH₄SCN的浓度：

$$c_{NH_4SCN} = \frac{c_{AgNO_3} V_{AgNO_3}}{V_{NH_4SCN}}$$

式中　$c_{NH_4SCN}$——NH₄SCN溶液浓度，mol/L；

$c_{AgNO_3}$——AgNO₃溶液浓度，mol/L；

$V_{AgNO_3}$——AgNO₃溶液体积，mL；

$V_{NH_4SCN}$——NH₄SCN溶液体积，mL。

平行标定三次，计算相对平均偏差。

## 五、注意事项

1. 采用碱式滴定管盛装硫氰酸钾滴定液。
2. 洗净容器，防止产生污染。
3. 终点变色是白色沉淀中出现淡红色。

## 六、思考题

1. 为什么配制硫氰酸钾滴定液只能用间接法？
2. 本次实验终点变色的原理是什么？

## 七、体会与小结

# 项目十六　可溶性硫酸盐中硫的测定

日期_____年_____月_____日

星期_____节次_____

## 一、实训目的

1. 了解重量法测定硫的基本原理。
2. 学会重量分析的基本操作。
3. 熟悉过滤中滤纸的折叠和过滤操作的方法。

## 二、实训原理

将可溶性硫酸盐试样溶于水中，用稀盐酸酸化，加热近沸，不断搅拌下，缓慢滴加热 $BaCl_2$ 稀溶液，使生成难溶性硫酸钡沉淀。

$$Ba^{2+} + SO_4^{2-} == BaSO_4 \downarrow （白）$$

硫酸钡是典型的晶形沉淀，因此应完全按照晶形沉淀的处理方法，所得沉淀经陈化后，过滤、洗涤、干燥和灼烧，最后以硫酸钡沉淀形式称量，求得试样中硫的含量。

1. 硫酸钡符合定量分析的要求

（1）硫酸钡的溶解度小，在常温下为 $1×10^{-5}$ mol/L，在100℃时为 $1.3×10^{-5}$ mol/L，所以在常温和100℃时每100mL溶液中仅溶解 $0.23 \sim 0.3$ mg，不超出误差范围，可以忽略不计。

（2）硫酸钡沉淀的组成精确地与其化学式相符合，化学性质非常稳定，因此凡含硫的化合物将其氧化成硫酸根以及钡盐中的钡离子都可用硫酸钡的形式来测定。

2. 盐酸的作用

（1）利用盐酸提高硫酸钡沉淀的溶解度，以得到较大晶粒的沉淀，利于过滤沉淀。由实验得知，在常温下 $BaSO_4$ 的溶解度见下表。

| 盐酸浓度/（mol/L） | 0.1 | 0.5 | 1.0 | 2.0 |
|---|---|---|---|---|
| 溶解度/（mg/L） | 10 | 47 | 87 | 101 |

所以在沉淀硫酸钡时，不要使酸度过高，最适宜是在0.1mol/L以下（约0.05mol/L）的盐酸溶液中进行，即可将硫酸钡的溶解量忽略不计。

（2）在0.05mol/L盐酸浓度下，溶液中若含有草酸根、磷酸根、碳酸根与钡离子不能发生沉淀，因此不会干扰。

（3）可防止盐类的水解作用，如有微量铁、铝等离子存在，在中性溶液中将因水解而生成碱式硫酸盐胶体微粒与硫酸钡一同沉出，实验证明，溶液的酸度增大，使三价离子共沉淀作用有显著的减小。

硫酸钡沉淀的灼烧

硫酸钡沉淀不能立即高温灼烧，因为滤纸碳化后对硫酸钡沉淀有还原作用：

$$BaSO_4 + 2C \Longrightarrow BaS\downarrow + 2CO_2\uparrow$$

应先以小火使带有沉淀的滤纸慢慢灰化变黑，而绝不可着火，如不慎着火，应立即盖上坩埚盖使其熄灭，否则除发生反应外，尚能由于热空气流而吹走沉淀，必须特别注意。

如已发生还原作用，微量的硫化钡在充足空气中，可能氧化而重新成为硫酸钡：

$$BaS + 2O_2 \Longrightarrow BaSO_4\downarrow$$

若能灼烧达到恒重的沉淀，即上述氧化作用已告结束，沉淀已不含硫化钡。另外，灼烧沉淀的温度应不超过800℃，且不宜时间太长，以避免发生下列反应：

$$BaSO_4 \overset{\triangle}{=\!=\!=} BaO + SO_3\uparrow$$

而引起误差，使结果偏低。

## 三、仪器与试剂

HCl 2mol/L

BaCl₂溶液10%

AgNO₃溶液0.1mol/L

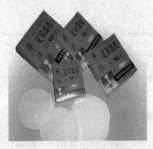

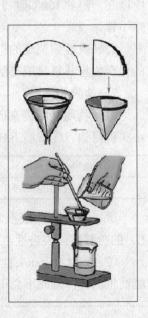

## 四、实训步骤

①准确称取在100~200℃干燥过的试样0.3g左右两份

②分别置于400mL烧杯中，用水50mL溶解，加入2mol/L盐酸6mL，加水稀释到约200mL

③盖上表面皿加热近沸

④另取10%氯化钡溶液10mL两份，分别置于100mL烧杯中，加水40mL，加热至沸。在不断搅拌下，趁热用滴管吸取稀氯化钡溶液，逐滴加入试液中，沉淀作用完毕后，静置2min，待硫酸钡下沉，于上层清液中加1~2滴氯化钡溶液，仔细观察有无浑浊出现，以检验沉淀是否完全，盖上表面皿微沸10min，在室温下陈化12h，以使试液上面悬浮微小晶粒完全沉下，溶液澄清。

⑤过滤：取中速定量滤纸两张，按漏斗的大小折好滤纸使其与漏斗很好地贴合，以去离子水润湿，并使漏斗颈内留有水柱，将漏斗置于漏斗架上，漏斗下面各放一只清洁的烧杯，利用倾泻法小心地把上层清液沿玻璃棒慢慢倾入已准备好的漏斗中，尽可能不让沉淀倒入漏斗滤纸上，以免妨碍过滤和洗涤。当烧杯中清液已经倾注完后，用热水洗沉淀4次（倾泻法），然后将沉淀定量转移到滤纸上，再用热水洗涤7~8次，用硝酸银检验不显浑浊（表示无氯离子）为止。沉淀洗净后，将盛有沉淀的滤纸折叠成小包，移入已在800℃灼烧至恒重的瓷坩埚中烘干，灰化后再置于800℃的马弗炉中灼烧1h，取出，置于干燥器内冷却至室温，称量。根据所得硫酸钡量，计算试样中$w(S)$、$w(SO_4^{2-})$以及$w(Na_2SO_4)$。

## 五、注意事项

在沉淀硫酸钡时，不要使酸度过高，最适宜是在0.1mol/L以下（约0.05mol/L）的盐酸溶液中进行，即可将硫酸钡的溶解量忽略不计。

利用倾泻法小心地把上层清液沿玻璃棒慢慢倾入已准备好的漏斗中，尽可能不让沉淀倒入漏斗滤纸上，以免妨碍过滤和洗涤。

## 六、思考题

1. 沉淀硫酸钡时为什么要在稀溶液、稀盐酸介质中进行沉淀？搅拌的目的是什么？

2. 为什么沉淀硫酸钡要在热溶液中进行而在冷却后进行过滤，沉淀后为什么要陈化？

3. 用倾泻法过滤有什么优点？

## 七、体会与小结

# 项目十七 高锰酸钾法测定过氧化氢的含量

日期_____年_____月_____日
星期_____节次_____

## 一、实训目的

1. 掌握 0.01mol/L KMnO$_4$ 溶液的配制方法；
2. 掌握用 Na$_2$C$_2$O$_4$ 基准物质标定 KMnO$_4$ 的条件；
3. 注意用 KMnO$_4$ 标准溶液滴定 H$_2$O$_2$ 溶液时，滴定速度控制；
4. 对自动催化反应有所了解。

## 二、仪器和试剂

仪器：酸碱滴定管、滴定夹、滴定台、锥形瓶、移液管、容量瓶、250mL 烧杯、洗瓶、洗耳球、干燥箱（即电烘箱）等。

试剂：0.01mol/L KMnO$_4$ 溶液、Na$_2$C$_2$O$_4$、稀 H$_2$SO$_4$、H$_2$O$_2$ 试样溶液、去污粉、铬酸洗液、凡士林、蒸馏水等。

## 三、实训内容

| 化学分析<br>实训卡片 | 实训班级 | 实训场地 | 学时 | 指导教师 |
| --- | --- | --- | --- | --- |
| | | | | |
| 实训项目 | 0.01mol/L KMnO$_4$ 溶液的配制和标定 | | | |
| 实训任务 | 用 KMnO$_4$ 标准溶液滴定 H$_2$O$_2$ 溶液 | | | |

## 四、实训步骤

1. 0.01mol/L KMnO$_4$ 溶液的配制

①称取 KMnO$_4$ 固体约 0.8g

②溶于盛 250mL 水的烧杯中，盖上表面皿，加热至沸并保持微沸状态 30s 后，冷却

③贮存于棕色试剂瓶中，待用

## 2. 0.01mol/L KMnO₄溶液的标定

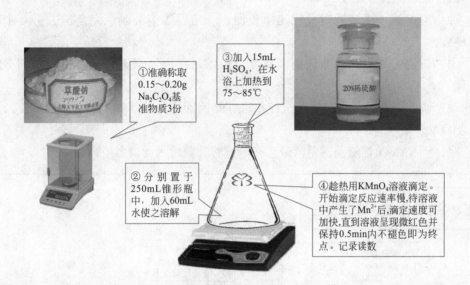

①准确称取0.15～0.20g Na₂C₂O₄基准物质3份

③加入15mL H₂SO₄，在水浴上加热到75～85℃

②分别置于250mL锥形瓶中，加入60mL水使之溶解

④趁热用KMnO₄溶液滴定。开始滴定反应速率慢,待溶液中产生了Mn²⁺后,滴定速度可加快,直到溶液呈现微红色并保持0.5min内不褪色即为终点。记录读数

# 五、结果处理

| 项　　目 | 1 | 2 | 3 |
|---|---|---|---|
| Na₂C₂O₄质量$m_{\mathrm{Na_2C_2O_4}}$/g | | | |
| 滴定时KMnO₄溶液的初始读数/mL | | | |
| 滴定时KMnO₄溶液的终点读数/mL | | | |
| KMnO₄标准溶液体积$V_{\mathrm{KMnO_4}}$/mL | | | |
| KMnO₄标准溶液浓度$c_{\mathrm{KMnO_4}}$/（mol/L） | | | |
| KMnO₄标准溶液平均浓度$\overline{c}_{\mathrm{KMnO_4}}$/（mol/L） | | | |
| 相对偏差 | | | |
| 相对平均偏差 | | | |

KMnO₄溶液浓度按下式计算：

$$c_{\mathrm{KMnO_4}} = \frac{2m_{\mathrm{Na_2C_2O_4}} \times 1000}{5M_{\mathrm{Na_2C_2O_4}}V_{\mathrm{KMnO_4}}}$$

式中　$c_{\mathrm{KMnO_4}}$——KMnO₄标准溶液浓度，mol/L；

　　　$m_{\mathrm{Na_2C_2O_4}}$——Na₂C₂O₄质量，g；

　　　$M_{\mathrm{Na_2C_2O_4}}$——Na₂C₂O₄摩尔质量，g/mol；

　　　$V_{\mathrm{KMnO_4}}$——滴定时消耗KMnO₄标准溶液体积，mL。

## 六、注意事项

1. 反应温度控制在约60℃。

2. 当加第一滴溶液时反应速率很慢，一定要等溶液颜色完全褪去后，才能加第二滴。

3. 该滴定为氧化还原滴定，且又是热溶液，所以滴定管涂油要涂好，不然很容易漏。

4. 滴定时，若发现有棕色沉淀出现，是因酸度不足而产生二氧化锰沉淀，则应该补加硫酸。

5. 因$KMnO_4$溶液是深色溶液，在滴定管读数时，读最上层。

## 七、过氧化氢含量测定

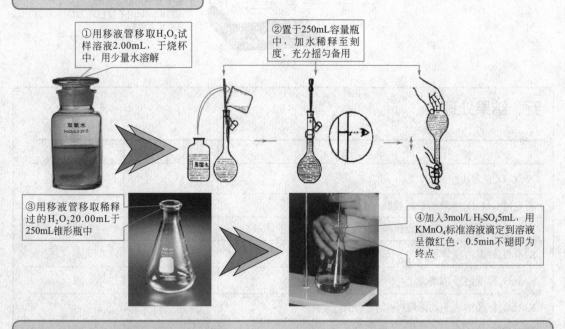

①用移液管移取$H_2O_2$试样溶液2.00mL，于烧杯中，用少量水溶解

②置于250mL容量瓶中，加水稀释至刻度，充分摇匀备用

③用移液管移取稀释过的$H_2O_2$20.00mL于250mL锥形瓶中

④加入3mol/L $H_2SO_4$5mL，用$KMnO_4$标准溶液滴定到溶液呈微红色，0.5min不褪即为终点

## 八、记录与数据处理

| 项　　目 | 1 | 2 | 3 |
|---|---|---|---|
| $H_2O_2$试样体积$V_{H_2O_2}$ /mL | 2.00 | 2.00 | 2.00 |
| 滴定时$KMnO_4$标准溶液初始读数/mL | | | |
| 滴定时$KMnO_4$标准溶液终点读数/mL | | | |
| 消耗$KMnO_4$标准溶液体积$V_{KMnO_4}$/mL | | | |
| 消耗$KMnO_4$标准溶液平均体积$\bar{V}_{KMnO_4}$/mL | | | |
| $H_2O_2$的质量浓度$\rho_{H_2O_2}$/（g/L） | | | |

H$_2$O$_2$的质量浓度按下式计算：

$$\rho_{H_2O_2} = \frac{5c_{KMnO_4}V_{KMnO_4}M_{H_2O_2}}{2V_{H_2O_2} \times \frac{20}{250}}$$

式中　　$\rho_{H_2O_2}$——H$_2$O$_2$的质量浓度，g/L；

　　　　$c_{KMnO_4}$——KMnO$_4$标准溶液的浓度，mol/L；

　　　　$V_{KMnO_4}$——滴定时消耗KMnO$_4$标准溶液的体积，mL；

　　　　$M_{H_2O_2}$——H$_2$O$_2$的摩尔质量，g/mol；

　　　　$V_{H_2O_2}$——H$_2$O$_2$试样体积，2.00mL。

## 九、注意事项

1．H$_2$O$_2$试样若系工业产品，用高锰酸钾法测定不合适，因为产品中常加有少量乙酰苯胺等有机化合物作稳定剂，滴定时也将被KMnO$_4$氧化，引起误差。此时应采用碘量法或硫酸铈法进行测定。

2．高锰酸钾法滴定时必须做到：溶液煮沸1h；控制好温度、酸度、滴定速度；做到先慢、后快、终点前慢。

## 十、思考题

1．在配制KMnO$_4$标准溶液时应注意哪些问题？为什么？

2．用Na$_2$CO$_3$标定KMnO$_4$标准溶液的过程中，加酸、加热和控制滴定速度的目的是什么？

3．为什么用硫酸控制溶液的酸度？

## 十一、体会与小结

_____

_____

_____

# 项目十八　水样中化学耗氧量的测定

日期_____年_____月_____日

星期_____节次_____

## 一、实训目的

1. 掌握酸性高锰酸钾法和重铬酸钾法测定化学耗氧量的原理及方法。
2. 了解水样化学耗氧量的意义。

## 二、实训原理

水样的耗氧量是水质污染程度的主要指标之一，它分为生物耗氧量（简称BOD）和化学耗氧量（简称COD）两种。BOD是指水中有机物质发生生物过程时所需要氧的量；COD是指在特定条件下，用强氧化剂处理水样时，水样所消耗的氧化剂的量，常用每升水消耗$O_2$的量来表示。水样中的化学耗氧量与测试条件有关，因此应严格控制反应条件，按规定的操作步骤进行测定。

测定化学耗氧量的方法有重铬酸钾法、酸性高锰酸钾法和碱性高锰酸钾法。重铬酸钾法是指在强酸性条件下，向水样中加入过量的$K_2Cr_2O_7$，让其与水样中的还原性物质充分反应，剩余的$K_2Cr_2O_7$以邻二氮菲为指示剂，用硫酸亚铁铵标准溶液返滴定。根据消耗的$K_2Cr_2O_7$溶液的体积和浓度，计算水样的耗氧量。氯离子干扰测定，可在回流前加硫酸银除去。该法适用于工业污水及生活污水等含有较多复杂污染物的水样的测定。

其滴定反应式为：

$$K_2Cr_2O_7 + 6Fe^{2+} + 14H^+ \rightleftharpoons 2Cr^{3+} + 6Fe^{3+} + 7H_2O + 2K^+$$

酸性高锰酸钾法测定水样的化学耗氧量是指在酸性条件下，向水样中加入过量的$KMnO_4$液，并加热溶液让其充分反应，然后再向溶液中加入过量的$Na_2C_2O_4$标准溶液还原多余的$KMnO_4$，剩余的$Na_2C_2O_4$再用$KMnO_4$溶液返滴定。

根据$KMnO_4$的浓度和水样所消耗的$KMnO_4$溶液体积，计算水样的耗氧量。该法适用于污染不十分严重的地面水和河水等的化学耗氧量的测定。若水样中$Cl^-$含量较高，可加入$Ag_2SO_4$消除干扰，也可改用碱性高锰酸钾法进行测定。有关反应如下：

$$4MnO_4^- + 5C + 12H^+ \rightleftharpoons 4Mn^{2+} + 5CO_2 \uparrow + 6H_2O$$
$$2MnO_4^- + 5C_2O_4^{2-} + 16H^+ \rightleftharpoons 2Mn^{2+} + 10CO_2 \uparrow + 8H_2O$$

# 三、仪器与试剂

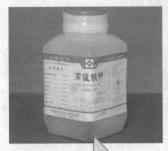

KMnO₄溶液 (约0.002 mol/L)：移取25.00mL (约0.02mol/L) KMnO₄标准溶液于250mL容量瓶中，加水稀释至刻度，摇匀即可

Na₂C₂O₄标准溶液(约0.005mol/L)：准确称取0.16~0.18g在105℃烘干2h并冷却的Na₂C₂O₄基准物质，置于小烧杯中，用适量水溶解后，定量转移至250mL容量瓶中，加水稀释至刻度，摇匀。按实际称取质量计算其准确浓度

K₂Cr₂O₇溶液(约0.040mol/L)：准确称取约2.9g在150~180℃烘干过的K₂Cr₂O₇基准试剂于小烧杯中，加少量水溶解后，定量转入250mL容量瓶中，加水稀释至刻度，摇匀。按实际称取的质量计算其准确浓度

硫酸亚铁铵(0.1mol/L)：用小烧杯称取9.8g六水硫酸亚铁铵，加10mL 6mol/L H₂SO₄溶液和少量水，溶解后加水稀释至250mL，贮于试剂瓶内，待标定

邻二氮菲

邻二氮菲指示剂：
称取1.485g邻二氮菲和0.695g FeSO₄·7H₂O，溶于100mL水中，摇匀，贮于棕色瓶中

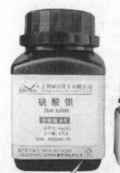

Ag₂SO₄(固体)

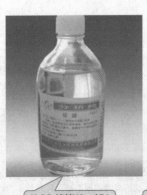

H₂SO₄溶液(6mol/L)

回流装置

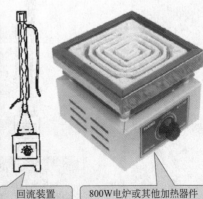

800W电炉或其他加热器件

## 四、实训步骤

### 1. 水样中化学耗氧量的测定（酸性高锰酸钾法）

① 于250mL锥形瓶中，加入100.00mL水样和5mL 6mol/L H₂SO₄溶液，再用滴定管或移液管准确加入10.00mL(0.002mol/L)KMnO₄标准溶液

② 然后尽快加热溶液至沸，并准确煮沸10min(紫红色不应褪去，否则应增加KMnO₄溶液的体积)

③ 取下锥形瓶，冷却1min后，准确加入10.00mL(0.005mol/L)Na₂C₂O₄标准溶液，充分摇匀(此时溶液应为无色，否则应增加Na₂C₂O₄的用量)。趁热用KMnO₄标准溶液滴定至溶液呈微红色，记下KMnO₄溶液的体积。如此平行测定三份。另取100mL蒸馏水代替水样进行实验，做空白。计算水样的化学耗氧量

### 2. 水样中化学耗氧量的测定

#### （1）硫酸亚铁铵溶液的标定

① 准确移取10.00mL(0.040 mol/L)K₂Cr₂O₇溶液三份分别置于250mL锥形瓶中

② 加入30mL水，20mL浓H₂SO₄溶液(注意应慢慢加入，并随时摇匀)，加3滴邻二氮菲指示剂

③ 然后用硫酸亚铁铵溶液滴定，溶液由黄色变为红褐色即为终点，记下硫酸亚铁铵溶液的体积。如此平行测定三份，计算硫酸亚铁铵的浓度

#### （2）化学耗氧量的测定

① 取50.00mL水样于250mL回流锥形瓶中，准确加入15.00mL(0.040mol/L)K₂Cr₂O₇标准溶液，20mL浓H₂SO₄溶液，1g Ag₂SO₄(固体和数粒玻璃珠)，轻轻摇匀后，加热回流2h。若水样中氯含量较高，则先往水样中加1g HgSO₄和5mL浓硫酸，待HgSO₄溶解后，再加入25.00mL K₂Cr₂O₇溶液，20mL浓H₂SO₄，1g Ag₂SO₄)，加热回流

② 冷却后用适量蒸馏水冲洗冷凝管，取下锥形瓶，用水稀释至约150mL。加3滴指示剂，用硫酸亚铁铵标准溶液滴定至溶液呈红褐色即为终点，记下所用硫酸亚铁铵的体积。以50.00mL蒸馏水代替水样进行上述实验，测定空白值。计算水样的化学耗氧量

## 五、思考题

1. 水样中加入 $KMnO_4$ 溶液煮沸后，若紫红色褪去，说明什么？应怎样处理？
2. 用重铬酸钾法测定时，若在加热回流后溶液变绿，是什么原因？应如何处理？
3. 水样中氯离子的含量高时，为什么对测定有干扰？如何消除？
4. 水样的化学耗氧量的测定有何意义？

## 六、体会与小结

_____

_____

_____

# 项目十九　间接碘量法测定铜盐中铜含量

日期_____年_____月_____日
星期_____节次_____

## 一、实训目的

1. 掌握间接碘量法测定铜的原理和方法；
2. 掌握 $Na_2S_2O_3$ 标准溶液的配制和标定方法；
3. 进一步熟悉氧化还原反应的原理。

## 二、仪器与试剂

仪器：分析天平、台秤、滴定管、移液管、烧杯、容量瓶、洗耳球、胶头滴管、洗瓶等。

试剂：$K_2Cr_2O_7$ 标准溶液、KI溶液、HCl溶液、$Na_2S_2O_3$ 溶液、淀粉溶液、铜盐试样、$H_2SO_4$ 溶液、KSCN溶液。

## 三、实训原理

在乙酸酸性溶液中，$Cu^{2+}$ 与过量的KI反应，析出的碘用 $Na_2S_2O_3$ 标准溶液滴定，用淀粉作指示剂，反应如下：

$$2Cu^{2+} + 4I^- \rlap{=\joinrel=} \quad 2CuI \downarrow + I_2 \qquad\qquad I_2 + 2S_2O_3^{2-} \rlap{=\joinrel=} \quad 2I^- + S_4O_6^{2-}$$

反应需加入过量的KI，一方面可促使反应进行完全，另一方面使形成 $I_3^-$，以增加 $I_2$ 的溶解度。

为了避免CuI沉淀吸附 $I_2$，造成结果偏低，须在近终点（否则 $SCN^-$ 将直接还原 $Cu^{2+}$）时加入 $SCN^-$，使CuI转化成溶解度更小的CuSCN，释放出被吸附的 $I_2$。

溶液的pH一般控制在 $3.0 \sim 4.0$ 之间，酸度过高，空气中的氧会氧化 $I_2$（$Cu^{2+}$ 对此氧化反应有催化作用）；酸度过低，$Cu^{2+}$ 可能水解，使反应不完全，且反应速率变慢，终点拖长。一般采用 $NH_4F$ 缓冲溶液，一方面控制溶液酸度，另一方面也能掩蔽 $Fe^{3+}$，消除 $Fe^{3+}$ 氧化 $I^-$ 对测定的干扰。

硫代硫酸钠（$Na_2S_2O_3 \cdot 5H_2O$）一般都含有少量杂质，如S、$Na_2SO_3$、$Na_2SO_4$、$Na_2CO_3$、NaCl等，还容易风化和潮解，须用间接法配制。$Na_2S_2O_3$ 易受水中溶解的 $CO_2$、$O_2$ 和微生物的作用而分解，故应用新煮沸冷却的蒸馏水来配制；此外，$Na_2S_2O_3$ 在日光下，酸性溶液中极不稳定，在pH=9 $\sim$ 10时较为稳定，所以在配制时还需加入少量

$Na_2CO_3$，配制好的标准溶液应贮存于棕色瓶中置于暗处保存。长期使用的$Na_2S_2O_3$标准溶液要定期标定。通常用$K_2Cr_2O_7$作基准物标定$Na_2S_2O_3$的浓度，反应为：

$$Cr_2O_7^{2-} + 6I^- + 14H^+ \Longrightarrow 2Cr^{3+} + 3I_2 + 7H_2O$$

析出的碘再用标准$Na_2S_2O_3$溶液滴定。

## 四、实训内容

| 化学分析<br>实训卡片 | 实训班级 | 实训场地 | 学时 | 指导教师 |
| --- | --- | --- | --- | --- |
|  |  |  |  |  |
| 实训项目 | $Na_2S_2O_3$溶液的标定及铜含量的测定 | | | |
| 实训任务 | 间接碘量法测定铜盐中铜含量 | | | |

## 五、实训步骤

### 1．$Na_2S_2O_3$溶液的标定

① 移取0.02mol/L $K_2Cr_2O_7$标准溶液25.00mL于锥形瓶中

② 加入5mL 20%KI溶液、5mL 6mol/LHCl溶液。立即盖上表面皿，轻轻摇匀，于暗处放置5min，再加水稀释至100mL

③用待标定的$Na_2S_2O_3$溶液滴定至浅黄绿色时，加入5mL淀粉溶液，继续滴定到蓝色刚好消失，即为终点(终点呈$Cr^{3+}$的绿色)

### 2．铜盐的测定

①准确称取铜盐试样0.6～0.7g，置于锥形瓶中

②加入1mol/L $H_2SO_4$溶液5mL，蒸馏水40mL

③溶解后，加入20%KI溶液5mL，立即用0.1mol/L $Na_2S_2O_3$标准溶液滴定至浅黄色

④然后加入5mL淀粉指示剂，滴定至浅蓝色

⑤再加入10% KSCN溶液10mL，摇匀，继续用$Na_2S_2O_3$溶液滴定到蓝色刚好消失，此时溶液为粉色的CuSCN悬浊液

⑥记录$Na_2S_2O_3$溶液消耗的体积，平行测定三次，最后计算相对极差

## 六、思考题

1. 测定铜含量时，为什么要加入过量的KI？加入KSCN的作用是什么？

2. 硫酸铜易溶于水，为什么溶解时要加硫酸？

## 七、体会与小结

_____

_____

_____

# 项目二十　紫外-可见分光光度法测定未知物

日期_____年_____月_____日

星期_____节次_____

## 一、实训目的

1. 学会用紫外分光光度计测定未知液的方法；
2. 熟悉吸收池配套性的检测方法；
3. 学会紫外分光光度计测定物质的波长的选择；
4. 能对未知液进行有效的定性和定量分析，并进行相关的计算。

## 二、仪器与试剂

仪器：紫外可见分光光度计（UV-1800PC-DS），配1cm石英比色皿2个；容量瓶，100mL 10个，50mL 10个；吸量管，10mL，6支。

试剂：标准溶液（选择水杨酸、苯甲酸、磺基水杨酸、邻二氮菲、维生素C五种标准试剂溶液中的三种），未知液（三种标准溶液中的一种）。

## 三、实训内容

| 化学分析<br>实训卡片 | 实训班级 | 实训场地 | 学时 | 指导教师 |
|---|---|---|---|---|
| | | | | |
| 实训项目 | 紫外-可见分光光度法测定未知物 | | | |
| 实训任务 | 未知物的定性和定量分析 | | | |

## 四、实训步骤

1. 吸收池配套性检查

石英吸收池装蒸馏水，以一个吸收池为参比，调节 τ 为100%，测定其余吸收池的透射比（λ＝220nm），其偏差应小于0.5%，可配成一套使用，记录其余比色皿的吸光度值作为校正值。

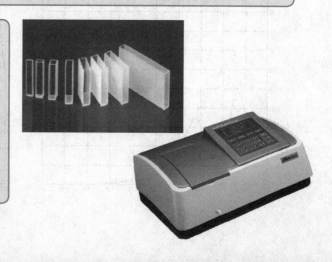

2．未知物的定性分析

将三种标准溶液和未知液配制成约为一定浓度的溶液。以蒸馏水为参比，于波长200～350nm范围内测定溶液吸光度，并作吸收曲线。根据吸收曲线的形状确定未知物，并从曲线上确定最大吸收波长作为定量测定时的测量波长。

3．标准工作曲线配制

分别准确移取一定体积的标准溶液于所选用的容量瓶中，以蒸馏水稀释至刻线，摇匀。根据未知液吸收曲线上最大吸收波长，以蒸馏水为参比，测定吸光度。然后以浓度为横坐标，以相应的吸光度为纵坐标绘制标准曲线。

4．未知物的定量分析

确定未知液的稀释倍数，并配制待测溶液于所选用的容量瓶中，以蒸馏水稀释至刻线，摇匀。根据未知液吸收曲线上最大吸收波长，以蒸馏水为参比，测定吸光度。根据待测溶液的吸光度，确定未知样品的浓度。未知样要平行测定3次。

## 五、工作曲线

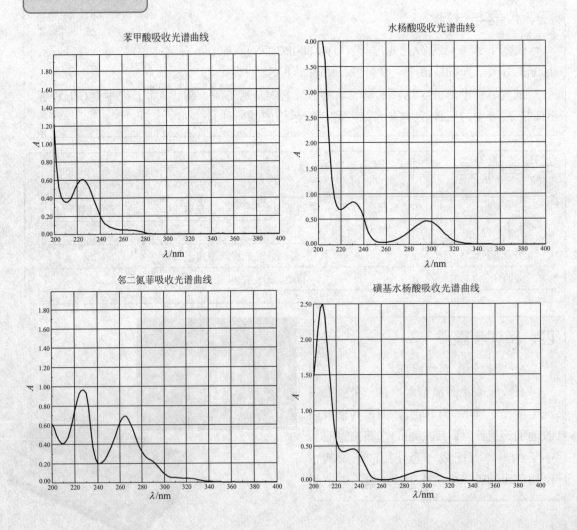

# 六、结果处理

1. 比色皿配套性检验

$A_1$=0.000　　　　　　　　$A_2$=_____

2. 定性结果

未知物为_____。

3. 未知试样的定量测量

（1）标准使用溶液的配制

标准贮备溶液浓度：_____　标准使用溶液浓度：_____

（2）标准曲线的绘制

测量波长：_____

| 溶液代号 | 吸取标液体积/mL | $\rho/(\mu g/mL)$ | $A$ | $A$校正 |
|---|---|---|---|---|
| 0 | | | | |
| 1 | | | | |
| 2 | | | | |
| 3 | | | | |
| 4 | | | | |
| 5 | | | | |
| 6 | | | | |
| | | | | |
| | | | | |

（3）未知液的配制

| 稀释次数 | 吸取体积/mL | 稀释后体积/mL | 稀释倍数 |
|---|---|---|---|
| 1 | | | |
| 2 | | | |
| 3 | | | |
| 4 | | | |
| 5 | | | |

（4）未知物含量的测定

| 平行测定次数 | 1 | 2 | 3 |
|---|---|---|---|
| $A$ | | | |
| $A$校正 | | | |
| 查得的浓度/（$\mu g/mL$） | | | |
| 原始试液浓度/（$\mu g/mL$） | | | |

## 七、计算公式

根据未知溶液的稀释倍数，求出未知物的含量。

计算公式：
$$c_0 = c_x n$$

式中 $c_0$——原始未知溶液浓度，$\mu g/mL$；

　　$c_x$——查出的未知溶液浓度，$\mu g/mL$；

　　$n$——未知溶液的稀释倍数。

定量分析结果：未知物的浓度为_____。

## 八、注意事项

1. 吸收池必须进行配套性检测，偏差应小于0.5%才能使用。

2. 标准溶液：选择水杨酸、苯甲酸、磺基水杨酸、邻二氮菲、维生素C五种标准试剂溶液中的任何几种。

3. 维生素C具有较强的还原性，在稀释时要注意。

4. 紫外分光光度计要进行预热操作。

## 九、思考题

1. 如何根据吸收曲线的形状确定未知物？

2. 能否不用参比液来测定吸光度？为什么？

3. 你是如何来确定未知液的稀释倍数的？

## 十、体会与小结

_____

_____

_____

# 项目二十一　紫外分光光度法测定三氯苯酚 存在下苯酚的含量

日期_____年_____月_____日

星期_____节次_____

## 一、实训目的

1. 掌握等吸光度测量法消除干扰的原理及实验方法。
2. 掌握紫外分光光度计的基本操作和进行定量分析的方法。

## 二、仪器与试剂

仪器：岛津紫外-可见分光光度计、石英比色皿2只、25mL容量瓶7个、5mL吸量管2支、25mL烧杯2个。

试剂：苯酚水溶液（0.250g/L）．2,4,6-三氯苯酚水溶液（0.10g/L）。

## 三、实训内容

| 化学分析<br>实训卡片 | 实训班级 | 实训场地 | 学时 | 指导教师 |
|---|---|---|---|---|
|  |  |  |  |  |
| 实训项目 | 紫外分光光度法测定三氯苯酚存在下苯酚的含量 | | | |
| 实训任务 | 双光波法测定未知物的定性和定量分析 | | | |

## 四、实训步骤

1. 标准系列溶液的配制

取5只25mL容量瓶，分别加入1.00mL、2.00mL、3.00mL、4.00mL、5.00mL浓度为250mg/L的苯酚标准溶液，用去离子水稀释至刻度，摇匀。计算其浓度（mg/L）。

2．苯酚水
溶液及三氯苯
酚水溶液吸收
光谱的绘制

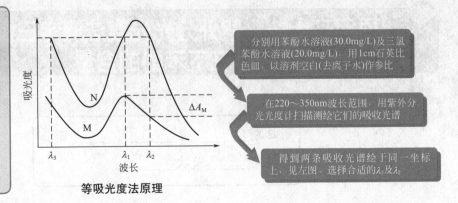

分别用苯酚水溶液(30.0mg/L)及三氯
苯酚水溶液(20.0mg/L)，用1cm石英比
色皿，以溶剂空白(去离子水)作参比

在220～350nm波长范围，用紫外分
光光度计扫描测绘它们的吸收光谱

得到两条吸收光谱绘于同一坐标
上，见左图。选择合适的$\lambda_1$及$\lambda_2$

等吸光度法原理

3．苯酚水溶液的标准曲线绘制

在所选择的测定波长及$\lambda_2$及参比波长$\lambda_1$处，用去离子水作参比溶液，分别测定苯酚系列标准溶液中的吸光度，并得到两者的差值。

4．未知样的测定

在与上述测定标准曲线相同的条件下，取5.00mL样稀释至25.00mL，测定含有三氯苯酚的未知试样溶液在两个波长下的吸光度和吸光度差。

## 五、数据记录与结果处理

（1）在同一坐标上绘制苯酚水溶液及三氯苯酚水溶液的吸收光谱，并选择合适的测定波长$\lambda_2$及参比波长$\lambda_1$。

以吸光度为纵坐标，波长为横坐标绘制吸收曲线，找出最大吸收波长$\lambda_{max}$，并计算其$\varepsilon_{max}$。

（2）求出系列标准溶液在两波长处吸光度的差值$\Delta A_{\lambda_2-\lambda_1}$。以$\Delta A_{\lambda_2-\lambda_1}$为纵坐标，苯酚水溶液的浓度$c$为横坐标，绘制标准曲线。由未知试样溶液的$\Delta A_{\lambda_2-\lambda_1}$值，从标准曲线上求得未知试样溶液中苯酚的浓度（mg/L）。

## 六、定性分析

分别在紫外区扫描水杨酸、磺基水杨酸、苯酚、三氯苯酚、邻二氮菲吸收光谱和待测定溶液吸收光谱，确定被测定物质和干扰物质。

## 七、注意事项

分光光度法测定多组分混合物时，通过解联立方程式，可求出各组分含量。对吸收光谱相互重叠的两组分混合物，只要测定其中某一组分含量，可利用等吸光度测量法达到目的。对含有N和M两组分的试样，设它们的吸收光谱相互重叠。如要求测定M组分含量而消除N组分的干扰，则可从N的吸收光谱上选择两个波长$\lambda_1$、$\lambda_2$，在两波长处N组分具有相等的吸光度。即对N来说，不论其浓度是多少，$\Delta A_N = A_{\lambda_1} - A_{\lambda_2} = 0$。这样，可从两个波长测得M的吸光度差值$\Delta A_M$确定M组分的含量。

　　所选波长必须满足两个基本条件：①两波长处干扰组分应具有相同的吸光度，即$\Delta A_N$等于零；②两波长处待测组分的吸光度差值$\Delta A_M$足够大。为选择有利于测量的$\lambda_1$、$\lambda_2$，应先分别测绘它们单一组分时的吸收光谱，再用作图法确定$\lambda_1$和$\lambda_2$。在待测组分M的吸收峰处或其附近选择一测定波长$\lambda_2$，作一垂直于$X$轴的直线，交于干扰组分N的吸收光谱上的某一点，再从此点画一平行于$X$轴的直线，在组分N的吸收光谱上便可得到一个或几个交点，交点处的波长可作为参比波长$\lambda_1$。当$\lambda_1$有几个位置可供选择时，所选择的$\lambda_1$应能获得较大的待测组分的吸光度差值。

　　本实验中，三氯苯酚水溶液和苯酚水溶液的吸收光谱相互重叠，要求测定三氯苯酚存在下苯酚的含量。

## 八、思考题

1. 本实验与普通的分光光度法有何异同？
2. 如需同时测定苯酚和三氯苯酚的含量，应如何设计实验？
3. 能否不用去离子水作参比液直接测定？为什么？

## 九、体会与小结

# 项目二十二 紫外分光光度法测定维生素C片剂维生素C含量

日期_____年_____月_____日

星期_____节次_____

## 一、实训目的

1. 掌握相关紫外分光光度计的使用方法和操作原理；
2. 熟悉吸收波长在紫外区物质的分光光度分析方法。

## 二、实训原理

维生素C对于人体骨骼及牙齿的构成极为重要，能阻止及治疗坏血症，又能刺激食欲，促进生长，增强对传染病的抵抗能力，是人体必需的营养物之一。维生素C又名丙

种维生素及抗坏血酸，其结构式为：

易溶于水，不溶于有机溶剂。橘类、番茄、马铃薯、绿叶蔬菜等含有丰富的维生素C。

## 三、仪器与试剂

仪器：容量瓶（25mL，8只）、刻度移液管（100mL 2支，5mL 2支，1mL 2支）、烧杯（50mL 1只）、玻璃棒、洗耳球、任何型号的分光光度计、石英比色皿（2只）。

试剂：维生素C片剂、0.5mol/L $H_2SO_4$、维生素C标准溶液100μg/mL。

## 四、实训内容

| 化学分析实训卡片 | 实训班级 | 实训场地 | 学时 | 指导教师 |
|---|---|---|---|---|
|  |  |  |  |  |
| 实训项目 | 紫外分光光度法测定维生素C片剂中维生素C含量 | | | |
| 实训任务 | 紫外分光光度法测定维生素C片剂中维生素C含量 | | | |

## 五、实训步骤

### 1. 配制标准系列溶液

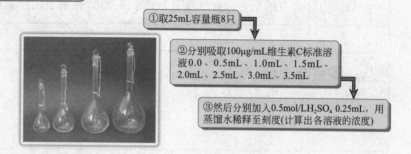

①取25mL容量瓶8只

②分别吸取100μg/mL维生素C标准溶液0.0、0.5mL、1.0mL、1.5mL、2.0mL、2.5mL、3.0mL、3.5mL

③然后分别加入0.5mol/LH₂SO₄ 0.25mL，用蒸馏水稀释至刻度(计算出各溶液的浓度)

### 2. 配制维生素C片剂待测液

取维生素C药片一粒于50mL烧杯内，加少量水，搅拌使其溶解，转移至100mL容量瓶中，用蒸馏水稀释至刻度摇匀。取此液1mL于另一100mL容量瓶中，加0.5mol/L $H_2SO_4$ 1mL，再用蒸馏水稀释至刻度摇匀，此溶液为待测液。

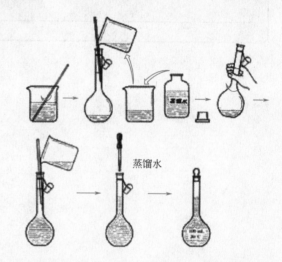

蒸馏水

### 3. 仪器测试

（1）绘制维生素C吸收曲线：取标准系列溶液浓度为8μg/mL（即5号样品），作320～220nm波长范围扫描，得维生素C吸收曲线，并确定λ。

（2）绘制标准曲线：将2号至8号溶液按浓度从小至大排列，分别在上述吸收曲线的最适波长λ下分析，得浓度与吸光度的对应值，作浓度与吸光度对应的标准曲线图。

（3）未知液的测定：将维生素C药片待测液在同样条件下检测，根据测得的吸光度在标准曲线图上的浓度，求出维生素C药片中维生素C的含量。

## 六、注意事项

1. 在维生素C片剂的两次配制过程中要注意容量瓶刻度线的水平位置。

2. 配制标准系列溶液时一定要进行浓度的计算，配制的倍率不要算错。

3. 最后的曲线图也可以进行手工绘制，但需注意准确性。

## 七、思考题

1. 试比较各种型号分光光度计有哪些区别？
2. 为什么有的型号分光光度计只需一束光即能完成扫描测定？

## 八、体会与小结

_____

_____

_____

# 项目二十三 邻二氮菲分光光度法测定铁

日期_____年_____月_____日

星期_____节次_____

## 一、实训目的

1. 掌握光度法测定铁的原理；
2. 学会正确使用721型分光光度计；
3. 掌握吸收曲线、工作曲线的绘制及作用。

## 二、方法原理

邻二氮菲（$o$-ph）是测定微量铁的较好试剂。在pH＝2～9的溶液中，试剂与$Fe^{2+}$生成稳定的红色配合物，其$lgK_{形}$＝21.3，摩尔吸光系数$\varepsilon$＝$1.1\times10^4$，其反应式如下：

$$Fe^{2+}+3（o\text{-ph}）== Fe（o\text{-ph}）_3$$

红色配合物的最大吸收峰在510nm波长处。本方法的选择性很高，相当于含铁量40倍的$Sn^{2+}$、$Al^{3+}$、$Ca^{2+}$、$Mg^{2+}$、$Zn^{2+}$、$SiO_3^{2-}$，20倍$Cr^{3+}$、$Mn^{2+}$、V（V）、$PO_4^{3-}$，5倍$Co^{2+}$、$Cu^{2+}$等均不干扰测定。

## 三、仪器与试剂

仪器：50mL容量瓶（5只）、吸量管、洗耳球、分光光度计、比色皿、烧杯、胶头滴管等。

试剂：（1）铁标准溶液：含铁0.1mg/mL。

准确称取0.8634g的$NH_4Fe（SO_4）_2\cdot12H_2O$，置于烧杯中，加入20mL 1∶1HCl和少量水，溶解后，定量地转移至1L容量瓶中，以水稀释至刻度，摇匀。

（2）邻二氮菲：1.5g/L新配制的水溶液。

（3）盐酸羟胺：100g/L水溶液（临用时配制）。

（4）$CH_3COONa$溶液（1mol/L）。

（5）0.1mol/L NaOH。

## 四、测定步骤

### 1. 标准曲线的制作

在5只50mL容量瓶中。用吸量管分别加入0.20mL、0.40mL、0.60mL、0.80mL、1.0mL标准铁溶液（含铁0.1mg/mL），分别加入1mL 100g/L盐酸羟胺溶液、2mL 1.5g/L邻二氮菲溶液和5mL 1mol/L CH₃COONa溶液，以水稀释至刻度，摇匀。在510nm波长下，用1cm比色皿，以试剂溶液为空白，测定其各溶液的吸光度，以含量为横坐标，溶液相应的吸光度为纵坐标，绘制标准曲线。

### 2. 吸收曲线的绘制

在分光光度计上，用1cm吸收池以空白试剂为参比在440～560nm之间每隔10nm测定一次待测液5号的吸光度。绘制吸光度$A$-波长曲线。

### 3. 显色剂用量的确定

在50mL的容量瓶中各加2.0mL铁标准溶液和1.0mL 100g/L盐酸羟胺。摇匀放置2min，分别加入0.2mL、0.4mL、0.6mL、0.8mL、1.0mL、2.0mL、4.0mL 1.5g/L邻二氮菲溶液，各加5.0mL 1.0mol/L乙酸钠溶液稀释至刻度以水为参比测定吸光度。绘制吸光度显色剂用量曲线。

### 4. 溶液适宜酸度范围的确定

在9只容量瓶中各加2.0mL 0.001mol/L铁标准溶液和1.0mL 100g/L盐酸羟胺，摇匀放置2min，加入2mL 1.5g/L邻二氮菲溶液，再分别加入0、2.00mL、5.00mL、8.00mL、10.00mL、20.00mL、25.00mL、30.00mL、40.00mL 0.1mol/L氢氧化钠，摇匀放置2min，用精密pH试纸测量各溶液的pH值。以水为参比选定波长下测定吸光度。绘制吸光度-pH曲线。

### 5. 配合物稳定性的研究

取2.0mL 0.001mol/L铁标准溶液于50mL容量瓶中，加1.0mL 100g/L盐酸羟胺混匀放置2min，加2.0mL 1.5g/L邻二氮菲溶液和5.0mL 1.0mol/L乙酸钠溶液，以水稀释至刻度测定吸光度。放置5min、10min、30min、1h、2h、3h测定吸光度。绘制吸光度-时间曲线。

### 6.

取试液溶液（工业盐酸）1mL，按上述步骤显色后，在其相同条件下测定吸光度，由标准曲线上查出试样中相当于铁的质量（mg），然后计算其试样中微量铁的含量（g/L）。

## 五、测定结果及数据处理

0.20mL、0.40mL、0.60mL、0.80mL、1.0mL标准铁溶液（含铁0.1mg/mL）

| 标准铁溶液（含铁0.1mg/mL）/mL | 0.20 | 0.40 | 0.60 | 0.80 | 1.00 |
|---|---|---|---|---|---|
| $c$/（mol/L） | | | | | |
| $A$ | | | | | |

样品的 $A$ _____

样品的 $c$ _____

## 六、注意事项

1．本实验必须以试剂溶液为空白，测定其各溶液的吸光度。

2．用 1cm 吸收池以空白试剂为参比在 440 ～ 560nm 之间每隔 10nm 测定一次待测液 5 号的吸光度。

3．所用的工业盐酸必须除去杂质。

## 七、思考题

1．邻二氮菲分光光度法测定微量铁时为什么要加入盐酸羟胺溶液？

2．吸收曲线与标准曲线有何区别？在实际应用中有何意义？

## 八、体会与小结

_____

_____

_____

# 项目二十四 紫外分光光度法测定苯酚含量

日期_____年_____月_____日

星期_____节次_____

## 一、实训目的

1. 掌握紫外分光光度法的基本原理和方法；
2. 熟练使用分光光度计进行苯酚含量的测定。

## 二、实训原理

苯酚是一种剧毒物质，可以致癌，已经被列入有机污染物的黑名单。但在一些药品、食品添加剂、消毒液等产品中均含有一定量的苯酚。如果其含量超标，就会产生很大的毒害作用。苯酚在紫外光区的最大吸收波长$\lambda_{max}$=270nm。对苯酚溶液进行扫描时，在270nm处有较强的吸收峰。

定性分析时，可在相同的条件下，对标准样品和未知样品进行波长扫描，通过比较未知样品和标准样品的光谱图对未知样进行鉴定。在没有标准样品的情况下，可根据标准谱图或有关的电子光谱数据表进行比较。

定量分析是在270nm处测定不同浓度苯酚的标准样品的吸光度值，并自动绘制标准曲线。再在相同的条件下测定未知样品的吸光度值，根据标准曲线可得出未知样中苯酚的含量。

## 三、仪器与试剂

试剂：苯酚标准溶液（0.50g/L，称取苯酚，用蒸馏水溶解，在容量瓶中稀释至刻度）、苯酚水溶液试样。

Cintra10e型紫外可见分光光度计(GBC公司)

容量瓶(50mL，5只)

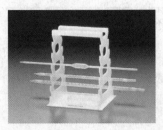

移液管
(5mL 1支)

烧杯(50mL)

比色皿

苯酚标准溶液
(0.50g/L)：称
取苯酚，用蒸
馏水溶解，在
容量瓶中稀释
至刻度。苯酚
水溶液试样

## 四、实训步骤

1．苯酚标准溶液系列的配制

取5只50mL容量瓶，分别用移液管加入1mL、2mL、3mL、4mL、5mL 0.50g/L苯酚溶液，用蒸馏水稀释至刻度，摇匀。

波长扫描

（1）确定波长扫描参数

狭缝宽度　1.5nm　　　　　　　　光度测量形式　吸光度值

扫描范围　200～500nm

扫描速度　1000nm/min　　　　　数据间隔点　1nm

（2）做基线　将盛有参比液的比色皿分别放入参比光路和样品光路，点击"Baseline"开始进行基线扫描。

（3）波长扫描　将盛有样品和参比液的比色皿分别放入参比光路和样品光路，点击"Scan"开始扫描。

（4）定性分析　将试样的波长扫描图与已知样的在相同条件下的波长扫描图或已知的谱图相比较，对试样进行定性分析。

2．苯酚水溶液吸收光谱的绘制

用苯酚标准溶液（30mg/L），在220～300nm波长范围内，以5nm为间隔，分别测其吸光度（用蒸馏水作参比），以波长为横坐标，吸光度为纵坐标绘制吸收曲线，找出$\lambda_{max}$。

3．标准曲线的绘制及未知溶液的测定

在选定的$\lambda_{max}$下，用水作参比，分别测定标准溶液系列的吸光度，绘制标准曲线。再在相同条件下测出未知液的吸光度，根据标准曲线计算出原未知液的含量。

设置定量分析参数

方法：对每个标准品的重复读取次数　　1

　　　对每个样品的重复读取次数　　　1

　　　是否需要测量标准样品　　　　　需要

　　　校正曲线　　　　　　　　　　　线性

　　　计算方式　　　　　　　　　　　用峰高计算定量的数值

样品：总共测量样品的个数　　　　　　6

输入待测样品的名称　　　　　　　　　苯酚

样品标签从第几号开始编辑　　　　　　1

输入标准样品浓度值

在 std 栏中对标准样品进行标识

质量控制：需要质量控制

对有问题的测量结果标记后继续测量

输入允许的最大浓度　　　　　　　　　输入允许的最低浓度

仪器：狭缝　　1.5nm

　　　测定形式　　　　　　　　　　　吸光度值

　　　强度倍数　　　　　　　　　　　1

　　　工作波长　　　　　　　　　　　270nm

　　　积分时间　　　　　　　　　　　5s

## 五、思考题

1. 紫外分光光度法与可见分光光度法有何异同？
2. 紫外可见分光光度法的定性、定量分析的依据是什么？
3. 紫外可见分光光度计的主要组成部件有哪些？
4. 说明紫外可见分光光度法的特点及适用范围。

## 六、注意事项

1. 苯酚有毒，在使用时注意安全。
2. 苯酚的溶解度一般随温度的升高而增大，适当加热可使其加速溶解。
3. 如不小心把苯酚沾在皮肤上，立即用酒精清洗，然后用水冲洗。

## 七、体会与小结

# 项目二十五  茶叶中微量元素的鉴定与定量测定

日期_____年_____月_____日

星期_____节次_____

## 一、实训目的

1. 了解并掌握鉴定茶叶中某些化学元素的方法；
2. 学会选择合适的化学分析方法；
3. 掌握配合滴定法测茶叶中钙、镁含量的方法和原理；
4. 掌握分光光度法测茶叶中微量铁的方法；
5. 提高综合运用知识的能力。

## 二、实训原理

茶叶属植物类，为有机体，主要由 C、H、N 和 O 等元素组成，其中含有 Fe、Al、Ca、Mg 等微量金属元素。本实验的目的是要求从茶叶中定性鉴定 Fe、Al、Ca、Mg 等元素，并对 Fe、Ca、Mg 进行定量测定。

茶叶需先进行"干灰化"。"干灰化"即试样在空气中置于敞口的蒸发皿后坩埚中加热，把有机物经氧化分解而烧成灰烬。这一方法特别适用于生物和食品的预处理。灰化后，经酸溶解，即可逐级进行分析。

铁铝混合液中 $Fe^{3+}$ 对 $Al^{3+}$ 的鉴定有干扰。利用 $Al^{3+}$ 的两性，加入过量的碱，使 $Al^{3+}$ 转化为 $AlO_2^-$ 留在溶液中，$Fe^{3+}$ 则生成 $Fe(OH)_3$ 沉淀，经分离去除后，消除了干扰。

钙镁混合液中，$Ca^{2+}$ 和 $Mg^{2+}$ 的鉴定互不干扰，可直接鉴定，不必分离。

铁、铝、钙、镁各自的特征反应式如下：

$$Fe^{3+} + nKSCN（饱和）\Longrightarrow Fe(SCN)_n^{3-n}(血红色) + nK^+$$

$$Al^{3+} + 铝试剂 + OH^- \longrightarrow 红色絮状沉淀$$

$$Mg^{2+} + 镁试剂 + OH^- \longrightarrow 天蓝色沉淀$$

$$Ca^{2+} + C_2O_4^{2-} \xrightarrow{\text{HAc介质}} CaC_2O_4(白色沉淀)$$

根据上述特征反应的实验现象，可分别鉴定出 Fe、Al、Ca、Mg 4 种元素。

钙、镁含量的测定，可采用配合滴定法。在 $pH = 10$ 的条件下，以铬黑 T 为指示剂，EDTA 为标准溶液。直接滴定可测得 Ca、Mg 总量。若欲测 Ca、Mg 各自的含量，可在 $pH > 12.5$ 时，使 $Mg^{2+}$ 生成氢氧化物沉淀，以钙指示剂、EDTA 标准溶液滴定 $Ca^{2+}$，然后用差减法即得$Mg^{2+}$的含量。

$Fe^{3+}$、$Al^{3+}$的存在会干扰$Ca^{2+}$、$Mg^{2+}$的测定，分析时，可用三乙醇胺掩蔽$Fe^{3+}$与$Al^{3+}$。

茶叶中铁含量较低，可用分光光度法测定。在pH=2～9的条件下，$Fe^{2+}$与邻二氮菲能生成稳定的橙红色的配合物，反应式如下：

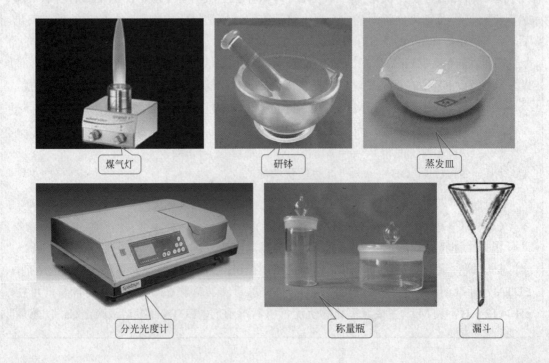

该配合物的$lgK_稳$=21.3，摩尔吸收系数$\varepsilon_{530} = 1.10 \times 10^4$。

在显色前，用盐酸羟胺把$Fe^{3+}$还原成$Fe^{2+}$，其反应式如下：

$$4Fe^{3+} + 2NH_2 \cdot OH == 4Fe^{2+} + H_2O + 4H^+ + N_2O$$

显色时，溶液的酸度过高（pH<2），反应进行较慢；若酸度太低，则$Fe^{2+}$水解，影响显色。

## 三、仪器与试剂

试剂：0.01mol/L（自配并标定）EDTA、0.010mg/L Fe标准溶液、铝试剂、镁试剂、氨性缓冲溶液（pH=10）、HAc-NaAc缓冲溶液（pH=4.6）、0.1%邻二氮菲水溶液、1%盐酸羟胺水溶液。

煤气灯　　　　　　研钵　　　　　　蒸发皿

分光光度计　　　　称量瓶　　　　漏斗

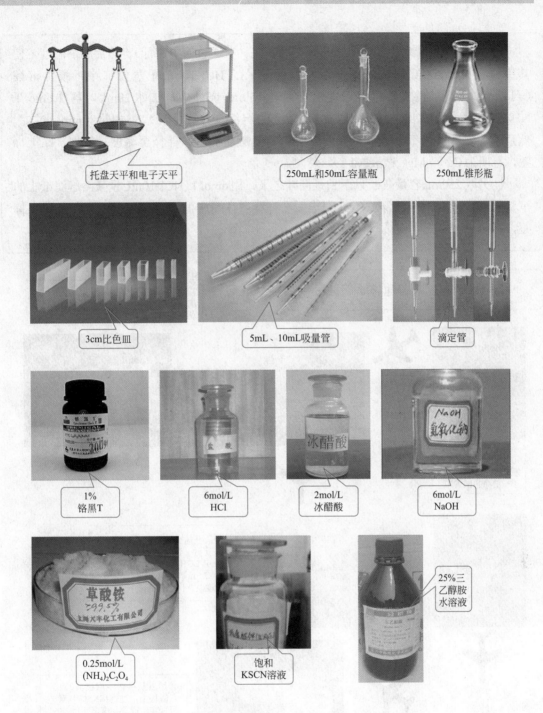

托盘天平和电子天平　　250mL和50mL容量瓶　　250mL锥形瓶

3cm比色皿　　5mL、10mL吸量管　　滴定管

1%
铬黑T

6mol/L
HCl

2mol/L
冰醋酸

6mol/L
NaOH

0.25mol/L
$(NH_4)_2C_2O_4$

饱和
KSCN溶液

25%三
乙醇胺
水溶液

## 四、实训步骤

1. 茶叶的灰化和试剂的制备

① 取在100～105℃下烘干的茶叶7～8g于研钵中捣成细末，转移至称量瓶中，称出称量瓶和茶叶的质量，然后将茶叶末全部倒入蒸发皿中，再称空称量瓶的质量，差减得蒸发皿中的茶叶的准确质量。

② 将盛有茶叶末的蒸发皿加热使茶叶灰化（在通风橱中进行），然后升高温度，使其完全灰化，800℃灼烧，冷却后，加6mol·L⁻¹ HCl 10mL于蒸发皿中，搅拌溶解（可能有少量不溶物），将溶液完全转移至150mL烧杯中，加水20mL，再加6mol/L NH₃·H₂O适量控制溶液pH为6~7，使产生沉淀。并置于沸水浴加热30min，过滤，然后洗涤烧杯和滤纸。滤液直接用250mL容量瓶盛接，并稀释至刻度，摇匀，贴上标签，标明为Ca²⁺、Mg²⁺试液（1#），待测。

③另取250mL容量瓶一只于长颈漏斗之下，用6mol/L HCl 10mL重新溶解滤纸上的沉淀，并少量多次地洗涤滤纸。完毕后，稀释容量瓶中滤液至刻度线，摇匀，贴上标签，标明为Fe³⁺试验（2#），待测。

### 2. Fe、Al、Ca、Mg元素的鉴定

①从1号试液的容量瓶中倒出试液1mL于一洁净的试管中

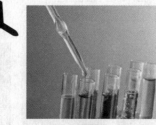

②然后从试管中取液2滴于点滴板上，加镁试剂1滴，再加6mol/LNaOH碱化，观察现象，作出判断

①从2号试液的容量瓶中倒出试液1mL于一洁净试管中

③从上述试管中再取试液2~3滴于另一试管中，加入1~2滴2mol/LCH₃COOH酸化，再加2滴0.25mol/L(NH₄)₂C₂O₄，观察实验现象，作出判断

②然后从试管中取试液2滴于点滴板上，加饱和KSCN1滴，根据实验现象，作出判断

③在上述试管剩余的试液中，加6 mol/LNaOH直至白色沉淀溶解为止，离心分离，取上层清液于另一试管中，加6mol/LCH₃COOH酸化，加铝试剂3~4滴，放置片刻后，加6mol/LNH₃·H₂O碱化，在水浴中加热，观察实验现象，作出判断

### 3. 茶叶中 $Ca^{2+}$、$Mg^{2+}$ 总量的测定

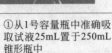

①从1号容量瓶中准确吸取试液25mL置于250mL锥形瓶中

加入三乙醇胺5mL

再加入 $NH_3$-$NH_4Cl$缓冲溶液10mL，摇匀

最后加入铬黑T指示剂少许

②用0.01mol/LEDTA标准溶液滴定至溶液由红紫色恰变纯蓝色，即达终点，根据EDTA的消耗量，计算茶叶中Ca、Mg的总量。并以MgO的质量分数表示

### 4. 茶叶中 Fe 含量的测量

①用吸量管吸取铁标准溶液0、2.0mL、4.0mL分别注入50mL容量瓶中

②各加入5mL盐酸羟胺溶液，摇匀，再加入5mL $CH_3COOH$-$CH_3COONa$缓冲溶液和5mL邻二氮菲溶液，用蒸馏水稀释至刻度，摇匀

③放置10min，用3cm比色皿，以试剂空白溶液为参比溶液，在722型分光光度计中，从波长420～600nm间分别测定其光密度，以波长为横坐标，光密度为纵坐标，绘制邻二氮菲亚铁的吸收曲线，并确定最大吸收峰的波长，以此为测量波长

（1）邻二氮菲亚铁吸收曲线的绘制

（2）标准曲线的绘制

①用吸量管分别吸取铁标准溶液0、1.0mL、2.0mL、3.0mL、4.0mL、5.0mL、6.0mL于7只50mL容量瓶中。

②依次分别加入5.0mL盐酸羟胺，5.0mL $CH_3COOH$-$CH_3COONa$缓冲溶液，5.0mL邻二氮菲，用蒸馏水稀释至刻度，摇匀，放置10min。

③用3cm的比色皿，以空白溶液为参比溶液，用分光光度计分别测其光密度。以50mL溶液中铁含量为横坐标，相应的光密度为纵坐标，绘制邻二氮菲亚铁的标准曲线。

（3）茶叶中Fe含量的测定

①用吸量管从2号容量瓶中吸取试液2.5mL于50mL容量瓶中，依次加入5.0mL盐酸羟胺，5.0mL $CH_3COOH$-$CH_3COONa$缓冲溶液，5.0mL邻二氮菲，用水稀释至刻度，摇匀，放置10min。

②以空白溶液为参比溶液，在同一波长处测其光密度，并从标准曲线上求出50mL容量瓶中Fe的含量，并换算出茶叶中Fe的含量，以 $Fe_2O_3$ 质量表示之。

## 五、注意事项

1. 茶叶尽量捣碎，利于灰化。
2. 灰化应彻底，若酸溶后发现有未灰化物，应定量过滤，将未灰化的重新灰化。
3. 茶叶灰化后，酸溶解速度较慢时可小火略加热，定量转移要安全。
4. 测Fe时，使用的吸量管较多，应插在所吸的溶液中，以免搞错。
5. 1号250mL容量瓶试液用于分析Ca、Mg元素，2号250mL容量瓶用于分析Fe、Al元素，不要混淆。

## 六、思考题

1. 欲测该茶叶中Al含量，应如何设计方案？
2. 试讨论，为什么pH=6～7时，能将$Fe^{3+}$、$Al^{3+}$与$Ca^{2+}$、$Mg^{2+}$分离完全。

## 七、体会与小结

# 项目二十六　气相色谱法测定混合醇

日期_____年_____月_____日

星期_____节次_____

## 一、实训目的

1. 掌握气相色谱法的基本原理和定性、定量方法；
2. 学习纯物对照定性和归一化法定量；
3. 了解气相色谱仪的基本结构、性能和操作方法。

## 二、实训原理

色谱法具有极强的分离效能。一个混合物样品定量引入合适的色谱系统后，样品在流动相携带下进入色谱柱，样品中各组分由于各自的性质不同，在柱内与固定相的作用力大小不同，导致在柱内的迁移速度不同，使混合物中的各组分先后离开色谱柱得到分离。分离后的组分进入检测器，检测器将物质的浓度或质量信号转换为电信号输给记录仪或显示器，得到色谱图。利用保留值可定性，利用峰高或峰面积可定量。

## 三、仪器和试剂

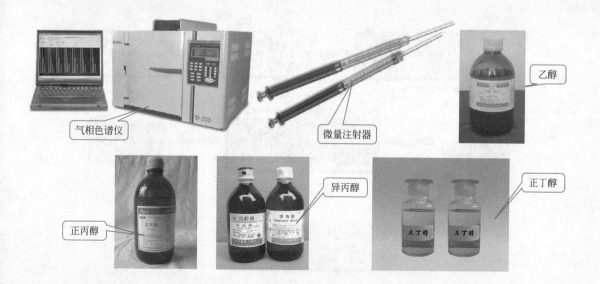

气相色谱仪　　　微量注射器　　　乙醇

正丙醇　　　异丙醇　　　正丁醇

# 四、实训步骤

## 1. 色谱条件

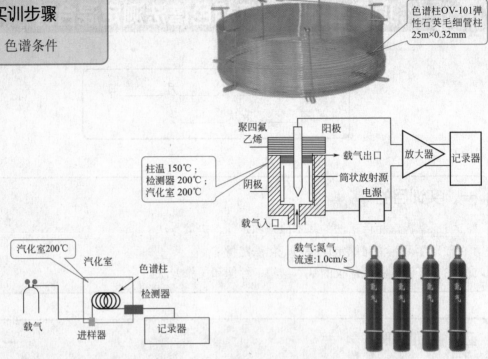

色谱柱OV-101弹性石英毛细管柱 25m×0.32mm

柱温 150℃；
检测器 200℃；
汽化室 200℃

聚四氟乙烯　阳极　载气出口　筒状放射源　电源　放大器　记录器　阴极　载气入口

汽化室200℃　汽化室　色谱柱　检测器　记录器　载气　进样器

载气:氮气
流速:1.0cm/s

## 2. 操作内容

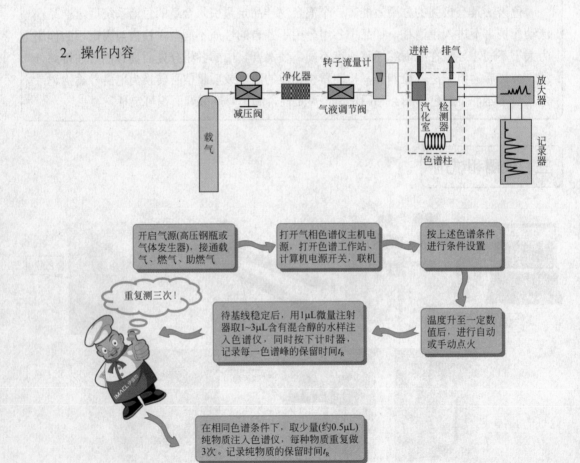

转子流量计　进样　排气　放大器　载气　减压阀　净化器　气液调节阀　汽化室　检测器　色谱柱　记录器

开启气源(高压钢瓶或气体发生器)，接通载气、燃气、助燃气 → 打开气相色谱仪主机电源，打开色谱工作站、计算机电源开关，联机 → 按上述色谱条件进行条件设置

重复测三次！

待基线稳定后，用1μL微量注射器取1~3μL含有混合醇的水样注入色谱仪，同时按下计时器，记录每一色谱峰的保留时间$t_R$ ← 温度升至一定数值后，进行自动或手动点火

在相同色谱条件下，取少量(约0.5μL)纯物质注入色谱仪，每种物质重复做3次。记录纯物质的保留时间$t_R$

# 五、数据处理

## 1. 纯物对照定性

| 水样中各峰 $t_R/min$ | 峰1 | | 峰2 | | 峰3 | | 峰4 | |
|---|---|---|---|---|---|---|---|---|
| 纯物质 $t_R/min$ | 乙醇 | | 正丙醇 | | 异丙醇 | | 正丁醇 | |
| | | | | | | | | |
| 定性结论 | 峰1 | | 峰2 | | 峰3 | | 峰4 | |
| 组分名称 | | | | | | | | |

## 2. 峰面积归一化法定量

| 组分 | 乙醇 | 正丙醇 | 异丙醇 | 正丁醇 |
|---|---|---|---|---|
| 峰高/mm | | | | |
| 半峰宽/mm | | | | |
| 峰面积/mm² | | | | |
| 含量/% | | | | |

3. 将计算结果与计算机打印结果比较。

# 六、思考题

1. 本实验中是否需要准确进样？为什么？
2. FID检测器是否对任何物质都有响应？

# 七、体会与小结

_____

_____

_____

# 项目二十七　气相色谱定量分析

日期_____年_____月_____日

星期_____节次_____

## 一、实训目的

学习内标法定量的基本原理和测定试样中的杂质含量方法。

## 二、实训原理

对于试样中少量杂质的测定，或仅需测定试样中某些组分时，可采用内标法定量。用内标法测定时需在试样中加入一种物质作内标，而内标物质应符合下列条件：

①应是试样中不存在的纯物质；

②内标物质的色谱峰应位于被测组分色谱峰的附近；

③其物理性质及物理化学性质应与被测组分相近；

④加入的量应与被测组分的量接近。

设在质量为 $m_{试样}$ 的试样中加入内标物质的质量为 $m_s$，被测组分的质量为 $m_i$，被测组分及内标物质的色谱峰面积（或峰高）分别为 $A_i$，$A_s$（或 $h_i$，$h_s$），则 $m_i=f_iA_i$，$m_s=f_sA_s$

$$\frac{m_i}{m_s}=\frac{f_iA_i}{f_sA_s}, \ m_i=m_s\frac{f_iA_i}{f_sA_s}$$

$$c_i=\frac{m_i}{m_{试样}}\times100\%$$

$$c_i=\frac{m_s}{m_{试样}}\times\frac{f_iA_i}{f_sA_s}\times100\%$$

若以内标物质作标准，则可设 $f_s=1$，可按下式计算被测组分的含量，即

$$c_i=\frac{m_s}{m_{试样}}\times\frac{f_iA_i}{A_s}\times100\%$$

或

$$c_i=\frac{m_s}{m_{试样}}\times\frac{f_i''h_i}{h_s}\times100\%$$

式中　$f_i''$ 为峰高相对质量校正因子。

　　也可配制一系列标准溶液，测得相应的$A_i/A_s$（或$h_i/h_s$）绘制$A_i/A_s$-$c_i$标准曲线，如右图所示。这样可在无需预先测定$f_i$（或$f_i''$）的情况下，称取固定量的试样和内标物质，混匀后即可进样，根据$A_i/A_s$之值求得$c_i$。

　　内标法定量结果准确，对于进样量及操作条件不需严格控制，内标标准曲线法更适用于工厂的操作分析。

　　本试验选用甲苯作内标物质，以内标标准曲线法，测定邻二甲苯中苯、乙苯、1, 2, 3-三甲苯的杂质含量。

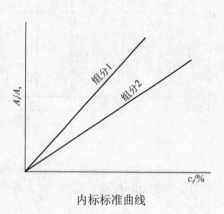

内标标准曲线

# 三、仪器与试剂

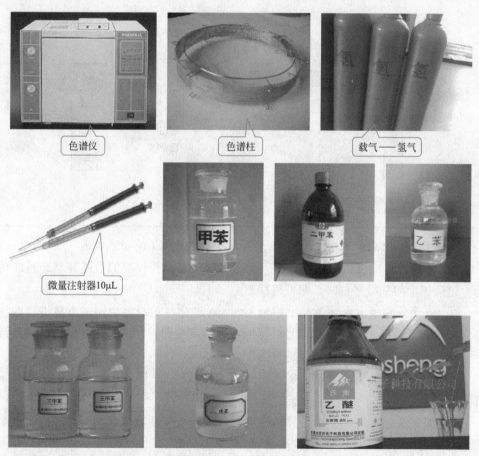

色谱仪　　　　色谱柱　　　　载气——氢气

微量注射器10μL

试剂均为分析纯

按下表配制一系列标准溶液，分别置于5只100mL容量瓶中，混匀备用

| 编号 | 苯/g | 甲苯/g | 乙苯/g | 邻二甲苯/g | 1, 2, 3-三甲苯/g |
|------|------|--------|--------|-----------|-----------------|
| 1 | 0.66 | 3.03 | 2.16 | 38.13 | 2.59 |
| 2 | 1.32 | 3.03 | 4.32 | 38.13 | 5.18 |
| 3 | 1.98 | 3.03 | 6.48 | 38.13 | 7.77 |
| 4 | 2.64 | 3.03 | 8.64 | 38.13 | 10.36 |
| 5 | 3.30 | 3.03 | 10.80 | 38.13 | 12.95 |

## 四、实训步骤

实验条件

固定相　邻苯二甲酸二壬酯：6201担体（15：100），60～80目；

流动相　氮气，流量为15mL/min；柱温110℃；汽化温度150℃；

检测器　热导池，检测温度110℃；桥电流110mA；进样量3μL

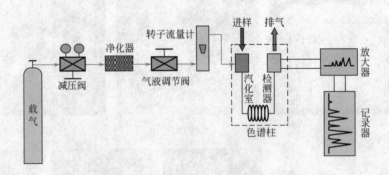

① 称取未知试样11.06g于25mL容量瓶中，加入0.61g甲苯，混匀备用。

② 将色谱仪按仪器操作步骤调节至可进样状态，待仪器的电路和气路系统达到平衡，记录仪上的基线平直时，即可进样。

③ 依次分别吸取上述各标准溶液3～5μL进样，记录色谱图。重复进样两次。进样后及时在记录纸上，于进样信号处标明标准溶液号码，注意每做完一种标准溶液需用后一种待进样标准溶液洗涤微量进样器5～6次。

④ 在同样条件下，吸取已配入甲苯的未知试液3μL进样，记录色谱图，并重复进样两次。

⑤ 如果条件允许，在指导教师许可下，适当改变柱温（但不得超过固定液最高使用温度）进样实验，观察分离情况。例如改变±10℃。

## 五、数据处理

（1）记录实验条件。

（2）测量各色谱图上各组分色谱峰高 $h_i$ 值，并填入下表中。

| 编号 | $h_{苯}$/mm | | | | $h_{甲苯}$/mm | | | | $h_{乙苯}$/mm | | | | $h_{1,2,3\text{-}三甲苯}$/mm | | | |
|---|---|---|---|---|---|---|---|---|---|---|---|---|---|---|---|---|
| | 1 | 2 | 3 | 平均值 | 1 | 2 | 3 | 平均值 | 1 | 2 | 3 | 平均值 | 1 | 2 | 3 | 平均值 |
| 1 | | | | | | | | | | | | | | | | |
| 2 | | | | | | | | | | | | | | | | |
| 3 | | | | | | | | | | | | | | | | |
| 4 | | | | | | | | | | | | | | | | |
| 5 | | | | | | | | | | | | | | | | |
| 未知 | | | | | | | | | | | | | | | | |

以甲苯作内标物质，计算 $m_i/m_s$，$h_i/h_s$ 值，并填入下表中。

| 编号 | 苯/甲苯 | | 乙苯/甲苯 | | 1,2,3-三甲苯/甲苯 | |
|---|---|---|---|---|---|---|
| | $m_i/m_s$ | $h_i/h_s$ | $m_i/m_s$ | $h_i/h_s$ | $m_i/m_s$ | $h_i/h_s$ |
| 1 | | | | | | |
| 2 | | | | | | |
| 3 | | | | | | |
| 4 | | | | | | |
| 5 | | | | | | |
| 未知试样 | | | | | | |

绘制各组分 $h_i/h_s$-$m_i/m_s$ 的标准曲线图。

根据未知试样的 $h_i/h_s$ 值，于标准曲线上查出相应的 $m_i/m_s$ 值。

按下式计算未知试样中苯、乙苯、1, 2, 3-甲苯的百分含量。

$$c_i = \frac{m_s}{m_{试样}} \times \frac{m_i}{m_s} \times 100\%$$

## 六、思考题

1. 内标法定量有何优点，它对内标物质有何要求？

2. 实验中是否要严格控制进样量，实验条件若有所变化是否会影响测定结果，为什么？

3. 在内标标准曲线法中，是否需要应用校正因子，为什么？

4. 试讨论色谱柱温度对分离的影响。

## 七、注意事项

1. 条件允许，在指导教师许可下，适当改变柱温。
2. 注意每做完一种标准溶液需用后一种待进样标准溶液洗涤微量进样器5～6次。
3. 内标法定量结果准确，对于进样量及操作条件不需严格控制，内标标准曲线法更适用于工厂的操作分析。

## 八、体会与小结

_____

_____

_____

_____

### 小知识

#### 双氧水的功效

双氧水是一种每个水分子里含有两个氧原子的液体，具有较强的渗透性和氧化作用，医学上常用双氧水来清洗创口和局部抗菌。据最新研究发现，双氧水不仅是一种医药用品，还是一种极好的美容佳品。

面部皮肤直接接触外界环境，常被细菌、灰尘等污染，再加上皮肤本身的汗腺、皮脂腺分泌物形成的污垢，极易诱发粉刺、皮炎、疖肿等疾病，从而影响皮肤的美观。用双氧水敷面不仅能去除皮肤的污垢，还能直接为皮肤增强表面细胞的活性，抑制黑色素的沉着，使皮肤变得细腻有弹性。操作方法：将脸用洗面奶洗干净后，用毛巾蘸上3%的双氧水敷于面部，每次5min，每日1次，10天为一疗程，在操作时应注意避免双氧水进入眼睛。

另外，双氧水还有淡化毛发颜色的功能，对于那些因汗毛过长而影响美观的女性，可在脱毛后，用双氧水直接涂于皮肤上，每日2次，这样日后长出的汗毛就不会变黑变粗，而会变得柔软且颜色为淡黄。

# 项目二十八　熔点的测定

日期_____年_____月_____日

星期_____节次_____

## 一、实训目的

1. 了解熔点测定的原理及意义；
2. 熟悉有机物的熔点与纯度的关系，以及熔点测定对鉴定有机物的意义；
3. 掌握毛细管熔点测定法和显微熔点测定仪测定熔点的操作方法。

## 二、实训原理

化合物的熔点是指在常压下该物质的固-液两相达到平衡时的温度。但通常把晶体物质受热后由固态转化为液态时的温度作为该化合物的熔点。纯净的固体有机化合物一般都有固定的熔点。在一定的外压下，固液两态之间的变化是非常敏锐的，自初熔至全熔（称为熔程）温度不超过 $0.5 \sim 1℃$。若混有杂质则熔点有明确变化，不但熔点距扩大，而且熔点也往往下降。因此，熔点是晶体化合物纯度的重要指标。有机化合物熔点一般不超过 $350℃$，较易测定，故可借测定熔点来鉴别未知有机物和判断有机物的纯度。

在鉴定某未知物时，如测得其熔点和某已知物的熔点相同或相近时，不能认为它们为同一物质。还需把它们混合，测该混合物的熔点，若熔点仍不变，才能认为它们为同一物质。若混合物熔点降低，熔程增大，则说明它们属于不同的物质。故此种混合熔点试验，是检验两种熔点相同或相近的有机物是否为同一物质的最简便方法。

有机化合物的熔点通常用毛细管法来测定。实际上由此法测得的不是一个温度点，而是熔化范围，即试料从开始熔化到完全熔化为液体的温度范围。纯粹的固态物质通常都有固定的熔点（熔化范围约在 $0.5℃$ 以内）。如有其他物质混入，则对其熔点有显著的影响，不但使熔化温度的范围增大，而且往往使熔点降低。因此，熔点的测定常常可以用来识别物质和定性地检验物质的纯度。

化合物温度不到熔点时以固相存在，加热使温度上升，达到熔点，开始有少量液体出现，此后固液相平衡，继续加热，温度不再变化，此时加热所提供的热量使固相不断转变为液相，两相间仍为平衡，最后的固体熔化后，继续加热则温度线性上升。因此在接近熔点时，加热速度一定要慢，每分钟温度升高不能超过 $2℃$，只有这样，才能使整个熔化过程尽可能接近于两相平衡条件，测得的熔点也越精确。

## 三、仪器与试剂

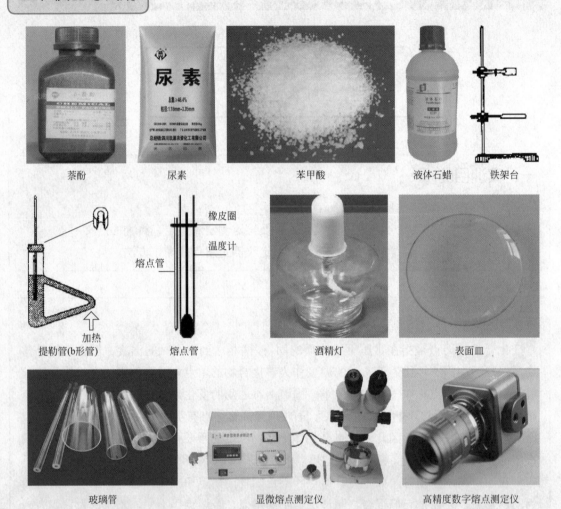

萘酚　　　　尿素　　　　　　苯甲酸　　　　　液体石蜡　　铁架台

提勒管(b形管)　　熔点管　　　　　酒精灯　　　　　表面皿

橡皮圈
温度计
熔点管

玻璃管　　　　　显微熔点测定仪　　　　高精度数字熔点测定仪

## 四、实训装置

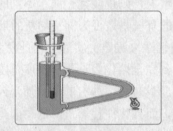

加热

熔点浴：液体石蜡做热浴液

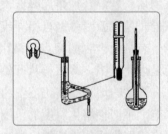

提勒管（b形管）

水银球应位于b形管上下叉管口
之间；样品部分应位于水银球中部；
b形管加入液体高度达叉管处即可；
在图示位置加热，以使受热均匀。

## 五、实训步骤

### （一）毛细管熔点测定法

**1．准备熔点管**

毛细管的直径一般为1mm，长80～100mm。将毛细管截成6～8cm长，将一端用酒精灯外焰封口（与外焰成40°角转动加热）。防止将毛细管烧弯、封出疙瘩。如化合物不易研细，可用稍粗的毛细管：毛细管壁应薄，便于传热。毛细管一端封闭，一端必须截平，便于装入样品。

**2．装填样品**

取0.1～0.2g预先研细并烘干的样品，堆积于干净的表面皿上，将熔点管开口一端插入样品堆中，反复数次，就有少量样品进入熔点管中。然后将熔点管在垂直的约40cm的玻璃管中自由下落，使样品紧密堆积在熔点管的下端，反复多次，直到样品高约2～3cm为止，每种样品装2～3根。样品必须均匀地落入管底，不然，样品中如有空隙，即不易传热。要测得准确的熔点，样品一定要研得极细，装得结实，使热量的传导迅速均匀。

**3．仪器装置**

将b形管固定于铁架台上，倒入液体石蜡作为浴液，其用量以略高于b形管的上侧管为宜。

将装有样品的熔点管用橡皮圈固定于温度计的下端，使熔点管装样品的部分位于水银球的中部。然后将此带有熔点管的温度计，通过有缺口的软木塞小心插入b形管中，使之与管同轴，并使温度计的水银球位于b形管两支管的中间。

在下图所示的部位加热，受热的浴液作沿管上升运动，从而促成了整个b形管内浴液呈对流循环，使得温度较均匀。

**4．熔点测定**

粗测：上述准备工作完成后，把装置放在充足光线的地方操作。熔点测定的操作关键是用小火缓缓加热，慢慢加热b形管的支管连接处，使温度每分钟上升约5℃。观察并记录样品开始熔化时的温度，此为样品的粗测熔点，作为精测的参考。

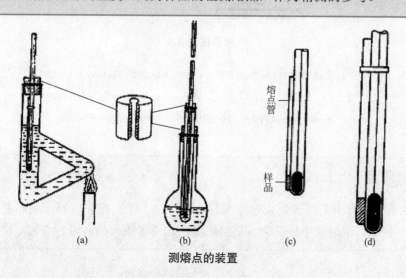

(a)　　　(b)　　　(c)　　　(d)

**测熔点的装置**

精测：待浴液温度下降到30℃左右时，将温度计取出，换另一根熔点管，进行精测。开始升温可稍快，当温度升至离粗测熔点约10℃时，控制火焰使每分钟升温不超过1℃。此时应特别注意温度的上升和毛细管中样品的情况。当毛细管中样品开始蹋落和有湿润现象，出现小滴液体时，表示样品开始熔化，记录此时温度即样品的始熔温度。继续加热，至固体全部消失变为透明液体时，是全熔，再记录温度，此即为样品的熔点。样品的熔程表示为：$t_{始熔} \sim t_{全熔}$。

实验完，把温度计放好，让其自然冷却至接近室温时才能用水冲洗，否则容易发生水银柱断裂。

### （二）用熔点测定仪测定熔点

这类仪器型号较多（见下图），但共同特点是使用样品量少（2～3颗细小结晶），可观察晶体在加热过程中的变化情况，能测量室温至300℃样品的熔点，其具体操作如下。

在干净且干燥的盖玻片上放微量晶体（过大的晶体应研细后取2～3小粒，否则熔程增长）并盖一片盖玻片，放在加热台上。调节反光镜、物镜和目镜，使显微镜焦点对准样品，开启加热器，先快速后慢速加热，温度快升至熔点时，控制温度上升的速度为每分钟1～2℃，当样品结晶棱角开始变圆时，表示熔化已开始，结晶形状完全消失表示熔化已完成。可以看出样品变化的全过程，如结晶的失水、多晶的变化及分解。在使用这种仪器前必须仔细阅读使用指南，严格按操作规程进行。

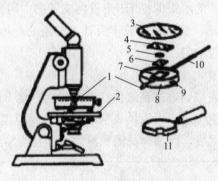

**熔点仪构造**

1—调节载片支持器的把手；2—显微镜台；3—有磨砂边的圆玻璃盖；4—桥玻璃；

5—薄的覆片；6—特殊玻璃载片；7—可移动的载片支持器；8—中间有小孔的加热器；

9—与电阻连接的接头；10—温度计；11—冷却加热板的铝盖

## 六、注意事项

1. 装填样品所用毛细管其管壁要薄且应洁净、干燥。样品应研成细粉并要紧密地装填在毛细管中，同时管中样品应有适当高度，这样才能传热迅速、均匀，结果准确。

2. 应注意观察在初熔前是否有萎缩或软化，放出气体以及其他分解现象。例如某物质在112℃开始萎缩，在113℃时有液滴出现，在114℃时全部液化，应记录如下：熔点113～114℃，112℃萎缩。

3. 熔化的样品冷却后又凝固成固体，再重新加热所测得的熔点往往就不准确，所以一根毛细管中的样品只能用一次。

4. 掌握升温速度是准确测定熔点的关键，越接近熔点，升温的速度应越慢。若浴液升温太快，样品在熔化过程中产生滞后，其结果使观察的温度比真实值高。

5. 测另一样品时，要待热浴温度降至其熔点以下30℃左右再测。

# 七、思考题

1. 测熔点时，若有下列情况将产生什么结果？
（1）熔点管壁太厚。
（2）熔点管底部未完全封闭，尚有一针孔。
（3）熔点管不洁净。
（4）样品未完全干燥或含有杂质。
（5）样品研得不细或装得不紧密。
（6）加热太快。

2. 是否可以使用第一次测过熔点时已经熔化的有机化合物再作第二次测定呢？为什么？

3. 如何用熔点测定的方法来确定A和B是否是同一物质？

# 八、体会与小结

_____

_____

_____

# 项目二十九 蒸馏和沸点的测定

日期_____年_____月_____日
星期_____节次_____

## 一、实训目的

1. 了解沸点测定的原理和意义；
2. 掌握常量法测定沸点的原理、方法和操作。

## 二、实训原理

1. 蒸馏的概念，分类。
2. 沸点的定义。
沸程的概念。
影响因素：外压、纯度等。
3. 蒸馏的用途：
（1）鉴定有机物，初步检验纯度。
（2）分离提纯挥发性物质，回收溶剂，浓缩溶液等。
注：共沸混合物有固定的沸点。
4. 测定方法：
（1）毛细管法（微量法）；
（2）蒸馏法（常量法）。

## 三、物理常数

工业酒精主要成分的物理常数

| 化合物名称 | 熔点/℃ | 沸点/℃ | 相对密度（$d_4^{20}$） | 溶解度/（g/100g水） |
|---|---|---|---|---|
| （95%）乙醇 | -114 | 78.2 | 0.804 | ∞ |

## 四、仪器与试剂

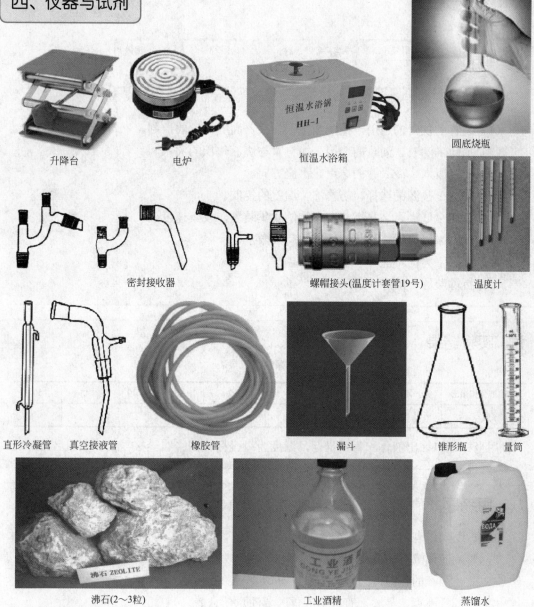

升降台　　　　电炉　　　　　　恒温水浴箱　　　　　圆底烧瓶

密封接收器　　　　螺帽接头(温度计套管19号)　　　温度计

直形冷凝管　真空接液管　　　橡胶管　　　　漏斗　　　　锥形瓶　　量筒

沸石(2～3粒)　　　　　工业酒精　　　　　蒸馏水

## 五、实训装置

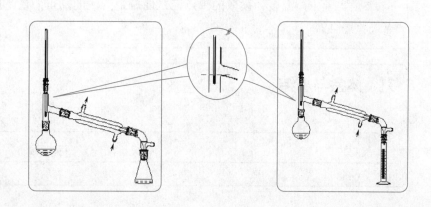

## 六、操作步骤

(1) 装置：仪器的选用，搭配顺序，各仪器高度位置的控制。

(2) 加料：沸石、漏斗的选用，加料量与烧瓶体积的关系。

(3) 通冷凝水：冷凝管的选用，水流方向。

(4) 加热：热源的选择，防暴沸，温度的控制。

(5) 收集：低沸点、易燃、有害物的收集装置，收集速度。

(6) 读数：温度计、量筒的读数与有效数字。

(7) 降温：为何不能蒸干？如何降温？

(8) 拆除装置：顺序。

## 七、实验结果

酒精蒸馏数据记录表

| 馏出液体积/mL | 第一滴 | 5 | 10 | 15 | 20 | 30 | 40 | 45 | 50 |
|---|---|---|---|---|---|---|---|---|---|
| 温度/℃ | | | | | | | | | |

用坐标纸以馏出液体积为横坐标，温度为纵坐标作图（实验报告上要取图名）。

## 八、思考题

1. 蒸馏操作有何用途？

2. 影响液体沸点的因素有哪些？

3. 简述沸石的作用，为什么第二次蒸馏要另加沸石？

4. 蒸馏低沸点、易燃、有害物液体时要注意什么？

5. 实验中，温度计读取的沸点应是烧瓶中溶液的沸点，还是接收瓶中馏出液的沸点或者其他？

## 九、体会与小结

_____

_____

# 项目三十　乙醇的蒸馏与沸点的测定

日期＿＿＿＿＿年＿＿＿＿月＿＿＿＿日

星期＿＿＿＿节次＿＿＿＿

## 一、实训目的

1. 掌握简单蒸馏和分馏的操作技术。
2. 掌握微量法测定沸点的方法。
3. 掌握离心分离机的操作方法。

## 二、仪器与试剂

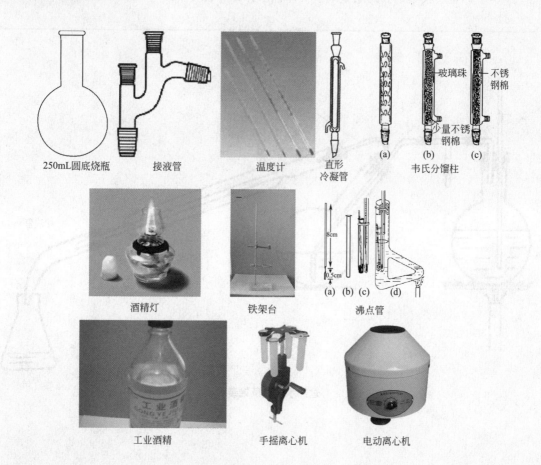

| 250mL圆底烧瓶 | 接液管 | 温度计 | 直形冷凝管 | 韦氏分馏柱 |

玻璃珠　不锈钢棉

少量不锈钢棉

(a)　(b)　(c)

酒精灯　　　　铁架台　　　　沸点管

8cm

0.5cm

(a) (b) (c)　(d)

工业酒精　　　手摇离心机　　　电动离心机

## 三、实训原理

（1）水和乙醇沸点不同，用蒸馏或分馏技术，可将乙醇溶液分离提纯。

（2）当溶液的蒸气压与外界压力相等时，液体开始沸腾。以此原理用微量法测定乙醇的沸点。

## 四、实训步骤

1. 蒸馏与分馏

（1）取150mL 40%的酒精样品注入250mL磨口圆底烧瓶中，放入2～3粒沸石。

（2）分别按照简单蒸馏和分馏装置图（见下图）及注意事项安装好仪器。

（3）用酒精灯在石棉网下加热，并调节加热速度使馏出液体的速度控制在每秒1～2滴。记录温度刚开始恒定而流出的一滴馏液时的温度和最后一滴馏液流出时的温度。当具有此沸点范围（沸程）的液体蒸完后，温度下降，此时可停止加热。同时收集好除去前馏分后的馏液。千万不可将蒸馏瓶里的液体蒸干，以免引起液体分解或发生爆炸。

（4）称量所收集馏分的质量或量其体积，并计算回收率。

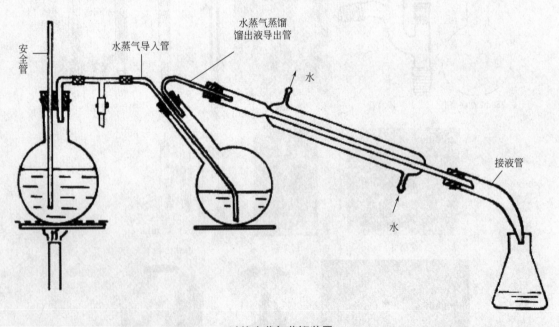

过热水蒸气蒸馏装置

### 2.微量法测乙醇沸点

沸点测定有常量法和微量法两种，常量法可借助简单蒸馏或分馏进行。微量法测定沸点（装置见下图）是置1～2滴乙醇样品于沸点管中，再放入一根上端封闭的毛细管，然后将沸点管用小橡皮圈缚于温度计旁，放入热浴中进行缓慢加热。加热时，由于毛细管中的气体膨胀，会有小气泡缓缓逸出，在到达该液体的沸点时，将有一连串的小气泡快速地逸出。此时可停止加热，使浴温自行冷却，气泡逸出的速度即渐渐减慢。当气泡不再冒出而液体刚要进入毛细管的瞬间（即最后一个气泡缩至毛细管中时），表示毛细管内的蒸气压与外界压力相等，此时的温度即为该液体的沸点。

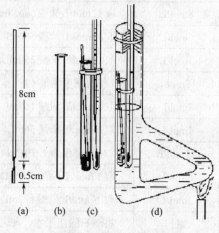

微量法测定沸点装置图

## 五、思考题

1. 蒸馏或分馏时，为什么先要在蒸馏烧瓶中放入2～3粒沸石？加入沸石有何作用？

2. 若用微量法重复测定乙醇的沸点，沸点管中的样品是否需要更换？为什么？

## 六、体会与小结

_____

_____

_____

# 附录一　定性分析试剂的配制方法

### 1. 酸溶液

| 名　称 | 化学式 | 浓度（约） | 配　制　方　法 |
|---|---|---|---|
| 硝酸 | $HNO_3$ | 16mol/L | （相对密度为1.42的硝酸） |
| | | 6mol/L | 取16mol/L硝酸375mL，然后加水稀释成1L |
| | | 3mol/L | 取16mol/L硝酸188mL，然后加水稀释成1L |
| 盐酸 | HCl | 12mol/L | （相对密度为1.19的盐酸） |
| | | 8mol/L | 取12mol/L盐酸666.7mL，然后加水稀释成1L |
| | | 6mol/L | 取12mol/L盐酸500mL，然后加水稀释成1L |
| | | 3mol/L | 取12mol/L盐酸250mL，然后加水稀释成1L |
| 硫酸 | $H_2SO_4$ | 18mol/L | （相对密度为1.19的盐酸） |
| | | 3mol/L | 取18mol/L硫酸167mL，慢慢加入835mL水中 |
| | | 1mol/L | 取18mol/L硫酸56mL，慢慢加入916mL水中 |
| 醋酸 | HAc | 17mol/L | （相对密度为1.19的盐酸） |
| | | 6mol/L | 取17mol/L醋酸353mL，然后加水稀释成1L |
| | | 3mol/L | 取17mol/L醋酸177mL，然后加水稀释成1L |
| 酒石酸 | $H_2C_4H_4O_6$ | 饱和 | 将酒石酸溶于水，使之饱和 |
| 草酸 | $H_2C_2O_4$ | 1% | 称取二水草酸1g溶于少量水中，加水稀释至100mL |

### 2. 碱溶液

| 名　称 | 化学式 | 浓度（约） | 配　制　方　法 |
|---|---|---|---|
| 氢氧化钠 | NaOH | 6mol/L | 将240g NaOH溶于水中，稀释至1L |
| 氨水 | $NH_3$ | 15mol/L | （相对密度为0.9的氨水） |
| | | 6mol/L | 取15mol/L氨水400mL，然后加水稀释成1L |
| 氢氧化钡 | $Ba(OH)_2$ | 饱和 | 63g $Ba(OH)_2 \cdot H_2O$溶于1L水中 |
| 氢氧化钾 | KOH | 6mol/L | 将336g KOH溶于水中，然后加水稀释成1L |

### 3. 钾盐溶液

| 名　称 | 化学式 | 浓度（约） | 配　制　方　法 |
|---|---|---|---|
| 铬酸钾 | $K_2CrO_4$ | 0.25mol/L | 将45.5g $K_2CrO_4$溶于适量水中，稀释至1L |
| 氰化钾 | KCN | 5% | 将5g KCN溶于100mL水中（新配）（剧毒） |
| 碘化钾 | KI | 1mol/L | 将83g KI溶于1L水中（棕色瓶） |
| 亚铁氰化钾 | $K_4Fe(CN)_6$ | 0.25mol/L | 将106g $K_4Fe(CN)_6 \cdot H_2O$溶于1L水中 |
| 铁氰化钾 | $K_3Fe(CN)_6$ | 0.3mol/L | 将110g $K_3Fe(CN)_6$溶于1L水中 |

续表

| 名　称 | 化学式 | 浓度(约) | 配　制　方　法 |
|---|---|---|---|
| 碘酸钾 | $KIO_3$ | 5% | 将5g $KIO_3$溶于100mL水中 |
| 溴化钾 | KBr | 0.5mol/L | 将60g KBr溶于1L水中 |
| 高锰酸钾 | $KMnO_4$ | 0.03% | 将0.3g $KMnO_4$溶于1L水中,以棕色瓶保存 |

### 4. 钠盐溶液

| 名　称 | 化学式 | 浓度(约) | 配　制　方　法 |
|---|---|---|---|
| 硫化钠 | $Na_2S$ | 2mol/L | 溶解$Na_2S \cdot 9H_2O$ 48g及NaOH 40g于适量水中,稀释至1L(用时新配) |
| 醋酸钠 | NaAc | 3mol/L | 480g $NaAc \cdot 3H_2O$溶于1L水中 |
| | | 饱和 | 约760g溶于1L水中(293K) |
| 亚硝酰铁氰化钠 | $Na_2[Fe(CN)_5NO]$ | 1% | 将1g $Na_2[Fe(CN)_5NO]$溶于100mL水中(新配) |
| 亚硫酸钠 | $Na_2SO_3$ | 饱和 | 约23g $Na_2SO_3$溶于100mL水中(新配) |
| 钴亚硝酸钠试剂 | $Na_3Co(NO_2)_6$ | | 溶解$NaNO_2$ 23g于50mL水中,加6mol/L HAc 16.5mL及$Co(NO_3)_2 \cdot 6H_2O$ 30g,搅拌,静置过夜,过滤或汲取其溶液(每隔四星期须重新配制。盛于棕色瓶里) |

### 5. 铵盐溶液

| 名　称 | 化学式 | 浓度(约) | 配　制　方　法 |
|---|---|---|---|
| 氯化铵 | $NH_4Cl$ | 3mol/L | 溶解160g $NH_4Cl$于适量水中,稀释至1L |
| 碳酸铵 | $(NH_4)_2CO_3$ | 2mol/L | 溶解190g $(NH_4)_2CO_3$于500mL 3mol/L氨水,再加水稀释至1L |
| | | 12% | 溶解120g $(NH_4)_2CO_3$于适量水中,再加水稀释至1L |
| 硫氰酸汞铵 | $(NH_4)_2Hg(SCN)_4$ | 0.15mol/L | 80g $HgCl_2$和90g $NH_4SCN$溶于1L水中 |
| 氟化铵 | $NH_4F$ | 3mol/L | 将111g $NH_4F$溶于水中,然后加水稀释成1L |
| 硫化铵 | $(NH_4)_2S$ | 3mol/L | 通$H_2S$于200mL 15mol/L $NH_3$中至再吸收为止,然后再加200mL 15mol/L $NH_3$,最后稀释至1L |
| 钼酸铵试剂 | $(NH_4)_2MoO_4$ | | 将100g市售钼酸铵溶于1L水中,然后将所得的溶液倒入1L 6mol/L硝酸中(切勿将硝酸往溶液里倒)这时,最初生成钼酸铵的白色沉淀,然后再溶解;将溶液放置48h,最后从沉淀(如生成沉淀时)倾倒出溶液 |
| 磷酸氢二铵 | $(NH_4)_2HPO_4$ | 4mol/L | 528g $(NH_4)_2HPO_4$溶于1L水中 |
| 硫酸铵 | $(NH_4)_2SO_4$ | 饱和 | $(NH_4)_2SO_4$饱和溶液(293K的溶解度为75.4g) |
| 硫氰酸铵 | $NH_4SCN$ | 饱和 | $NH_4SCN$饱和溶液(293K的溶解度为170g) |
| 草酸铵 | $(NH_4)_2C_2O_4$ | 0.25mol/L | 溶解$(NH_4)_2C_2O_4 \cdot H_2O$ 35g于适量水中,然后稀释至1L |
| 氯化铵饱和溶液 | $NH_4Cl$ | 饱和溶液 | 溶$NH_4Cl$于水中直达饱和为止 |

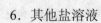

### 6. 其他盐溶液

| 名　称 | 化学式 | 浓度（约） | 配　制　方　法 |
|---|---|---|---|
| 氯化亚锡 | $SnCl_2$ | 0.5mol/L | 将115g $SnCl_2 \cdot 2H_2O$溶于500mL 12mol/L HCl中，然后以水稀释至1L。放10颗锡粒（或溶锡于浓盐酸中，用时加水冲稀一倍） |
| 氯化亚铜 | $Cu_2Cl_2$ | 饱和 | 取$Cu_2Cl_2$制成饱和溶液（新配） |
| 氯化汞 | $HgCl_2$ | 0.4mol/L | 将54g $HgCl_2$溶于1L水中 |
| 氯化钴 | $CoCl_2$ | 0.02% | 将0.2g $CoCl_2$溶于1L0.5mol/L HCl中 |
| 氯化钡 | $BaCl_2$ | 0.5mol/L | 将61.1g $BaCl_2 \cdot 2H_2O$溶于1L水中 |
| 硝酸银 | $AgNO_3$ | 1mol/L | 将170g $AgNO_3$溶于1L水中（棕色瓶） |
| | | 饱和 | 配制饱和水溶液（293K时，每100g水溶解222g） |
| 氯化锶 | $SrCl_2$ | 饱和 | 将53g $SrCl_2$溶于100mL水中 |
| 硝酸镧 | $La(NO_3)_3$ | 5% | 将5g $La(NO_3)_3$溶于100mL水中 |
| 硝酸锶 | $Sr(NO_3)_2$ | 饱和 | 取$Sr(NO_3)_2$制成饱和溶液 |

### 7. 有机溶剂

| 名　称 | 化学式 | 名　称 | 化学式 |
|---|---|---|---|
| 三氯甲烷（氯仿） | $CHCl_3$ | 苯 | $C_6H_6$ |
| 四氯化碳 | $CCl_4$ | 乙醇（酒精） | $C_2H_5OH$ |
| 丙酮 | $(CH_3)CO$ | 戊醇 | $C_5H_{11}OH$ |

### 8. 试剂（均为A. R.）

| 名　称 | 化学式 | 名　称 | 化学式 |
|---|---|---|---|
| 醋酸铵 | $NH_4Ac$ | 碳酸镉 | $CdCO_3$ |
| 碳酸铵 | $(NH_4)_2CO_3$ | 尿素 | $CO(NH_2)_2$ |
| 硫氰酸铵 | $NH_4SCN$ | 铁丝 | $Fe$ |
| 亚硝酸钠 | $NaNO_2$ | 铝片 | $Al$ |
| 铋酸钠 | $NaBiO_3$ | 铜片 | $Cu$ |
| 碳酸钠 | $Na_2CO_3$ | 锡箔 | $Sn$ |
| 亚硝酸钴钠 | $Na_3Co(NO_2)_6$ | 无砷锌 | $Zn$ |
| 过氧化钠 | $Na_2O_2$ | 锌粉 | $Zn$ |
| 氯酸钾 | $KClO_3$ | 氟化钠 | $NaF$ |

### 9. 特殊试剂

| 名　称 | 浓度（约） | 配　制　方　法 |
|---|---|---|
| 硫代乙酰胺（TAA） | 0.5mol/L | 称取TAA 150g，加入637mL蒸馏水，加热搅拌溶解，待冷却到50℃以下，再加无水乙醇270mL，可配制成15%的TAA酒精溶液，保存在密闭容器中，长期保存，若出现结晶，在使用前可滴加乙醇，并不断振荡，使之结晶完全溶解，即可使用 |

续表

| 名　称 | 浓度（约） | 配　制　方　法 |
|---|---|---|
| 溴水 | 饱和 | 在有磨口玻璃的瓶内，将市售溴约50g（约16mL）注入1L水中，在2h内，时常剧烈振荡。每次摇动之后，微开瓶塞，使积聚的溴蒸气放出。在贮存时瓶底要有过量溴，将溴水倒入试剂瓶时，过量的溴应当留于贮存瓶中而不倒出。倾溴和溴水时，应在通风橱内进行。在倾倒液溴以前，为了防止被溴蒸气烧伤，应以凡士林涂于手上或带医用橡胶手套 |
| 碘溶液 | 0.005mol/L | 将1.3g碘和5gKI溶在尽可能少量的水中，待碘完全溶解后（充分摇动，可促其溶解），再加水稀释至1L |
| 氯水 | 饱和 | 通氯气于水中至饱和为止（新制） |
| 淀粉溶液 | 0.5% | 置易溶性淀粉1g及$HgI$ 5mg（作防腐剂）于小烧杯中，加水少许调成糊状，然后倾入200mL沸水中。再煮沸不变 |
| 对硝基偶氮间苯二酚（PAR） | 0.5% | 溶解0.05g试剂于100mL 2mol/L NaOH中 |
| 二甲基乙二醛肟 | 1% | 溶解二甲基乙二醛肟1g于100mL 95%乙醇中 |
| 二苯胺基脲 | 1% | 溶解二苯胺基脲1g于100mL乙醇中 |
| $\alpha$-亚硝基-$\beta$-萘酚 | 饱和 | 溶解$\alpha$-亚硝基-$\beta$-萘酚于95%酒精中饱和之（每100mL约加1g即可制成饱和溶液），每隔一周须重新配制 |
| KI-淀粉溶液 | 1∶1 | 将1mol/L KI和0.5%淀粉溶液按1∶1混合即可 |
| $I_2$-淀粉溶液 | 1∶1 | 将0.005mol/L碘溶液和0.5%淀粉溶液按1∶1混合即可 |
| $KIO_3$-淀粉溶液 | 1∶1 | 将5% $KIO_3$和0.5%淀粉溶液按1∶1混合即可 |
| 邻二氮菲 | 0.5% | 0.5g邻二氮菲盐酸盐溶于100mL水中 |
| 丁二酮肟 | 1% | 1g试剂溶于100mL 95%乙醇中 |
| 铝试剂 | 0.1% | 溶解试剂0.1g于100mL水中 |
| 醋酸铀酰锌 |  | (1)10g $UO_2(Ac)_2$·$2H_2O$、15mL 6mol/L HAc溶于75mL水中加热促使溶解。(2)30g$Zn(Ac)_2$·$2H_2O$和15mL 6mol/L HAc溶于50mL水中，加热至70℃。然后将(1)、(2)两种溶液混合24h后，取清液使用（贮于棕色瓶中） |
| 罗丹明-B | 0.01% | 溶解试剂0.01g于100mL水中 |
| 对氨基苯磺酸 | 0.4% | 溶解0.4g于10mL冰醋酸和90mL水中 |
| $\alpha$-萘胺 | 0.2% | 试剂0.2g溶于90mL水中，煮沸倾出无色溶液，弃去紫蓝色残渣，加冰醋酸10mL，此试剂配好后应无色（新配） |
| 奈氏试剂 |  | 溶解$HgI_2$ 11.5g及KI 5g于适量水中，待$HgI_2$完全溶解后（充分摇动，促使其溶解），加水稀释至30mL，加6mol/L NaOH 30mL，静置后取其澄清溶液而弃去沉淀，贮存于棕色瓶里 |
| 二苯胺 | 1% | 1g试剂溶于100mL浓硫酸中 |
| 联苯胺 | 0.1% | 溶解0.1g试剂于10mL冰醋酸中，以水稀释至1L |
| 过氧化氢 | 3% | 将10mL 30%$H_2O_2$加水稀释至100mL |
| 甘油溶液 | 50%（1∶1） | 将市售相对密度为1.26的甘油加水稀释1倍 |
| 四苯硼化钠 | 3% | 3g $NaB(C_6H_5)_4$溶于100mL水中 |

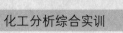
续表

| 名　称 | 浓度（约） | 配　制　方　法 |
|---|---|---|
| 甲基紫 | 0.1% | 0.1g 试剂溶于100mL水中 |
| 玫瑰红酸钠 | 0.2% | 0.2g 试剂溶于100mL水中，贮于棕色瓶中（新配） |
| 硫脲 | 10% | 10g 溶于100mL 1mol/L 硝酸中 |
| EDTA | 10% | 10g 溶于100mL水中 |
| 对四甲二氨基二苯甲烷（四碱） | 0.05% | 在分析天平上称此试剂0.05g，溶于10mL冰醋酸中，待全溶后再加水90mL |
| GBHA | 饱和 | 试剂溶于无水乙醇至饱和 |

**10. 试纸和反应纸**

万用pH试纸；醋酸铅试纸；反应纸（用定性滤纸剪成3cm×2cm）。

# 附录二　定性分析液的配制方法

### 1. 阴离子贮备试液（未特别注明者含阴离子100mg/mL）

| 阴离子 | 化学式 | g/L | 溶　　剂 |
|---|---|---|---|
| $SO_4^{2-}$ | $Na_2SO_4 \cdot H_2O$ | 335 | 水 |
| $PO_4^{3-}$ | $Na_2HPO_4 \cdot 12H_2O$ | 188 | 水（1mL含$PO_4^{3-}$ 50mg） |
| $SiO_3^{2-}$ | $Na_2SiO_3 \cdot 5H_2O$ | 280 | 水 |
| $CO_3^{2-}$ | $Na_2CO_3$（无水） | 176 | 水 |
| $S^{2-}$ | $Na_2S \cdot 9H_2O$ | 375 | 水（1mL含$S^{2-}$ 50mg） |
| $S_2O_3^{2-}$ | $Na_2S_2O_3 \cdot 5H_2O$ | 222 | 水 |
| $SO_3^{2-}$ | $Na_2SO_3 \cdot 7H_2O$ | 315 | 水 |
| $Cl^-$ | $NaCl$ | 165 | 水 |
| $Br^-$ | $KBr$ | 150 | 水 |
| $I^-$ | $KI$ | 130 | 水 |
| $NO_2^-$ | $NaNO_2$ | 150 | 水 |
| $NO_3^-$ | $NaNO_3$ | 140 | 水 |
| $Ac^-$ | $NaAc \cdot 3H_2O$ | 230 | 水 |

### 2. 阳离子贮备试液（未特别注明者含阳离子100mg/mL）

| 名　称 | 化学式 | g/L | 溶剂（附配法） |
|---|---|---|---|
| $Ag^+$ | $AgNO_3$ | 160 | 水 |
| $Pb^{2+}$ | $Pb(NO_3)_2$ | 160 | 水 |
| $Hg_2^{2+}$ | $Hg_2(NO_3)_2 \cdot 2H_2O$ | 140 | 0.6mol/L $HNO_3$ |
| $Bi^{3+}$ | $Bi(NO_3)_3 \cdot 5H_2O$ | 230 | 3mol/L $HNO_3$ |
| $Cu^{2+}$ | $Cu(NO_3)_2 \cdot 3H_2O$ | 380 | 水 |
| $Cd^{2+}$ | $Cd(NO_3)_2 \cdot 4H_2O$ | 275 | 水 |
| $Hg^{2+}$ | $Hg(NO_3)_2$ | 82 | 0.6mol/L $HNO_3$（1mL含$Hg^{2+}$ 50mg） |
| As（V） | $Na_2HAsO_4 \cdot 7H_2O$ | 42 | 水［1mL含As（V）10mg］ |
| As（III） | $As_2O_3$ | 140 | 先加于500mL 12mol/L HCl中，加热溶解后，再加500mL水［1mL含As（III）10mg］ |
| Sb（V） | $SbCl_5$ | 250 | 用6mol/L HCl溶解［1mL含Sb（V）10mg］ |
| Sb（III） | $SbCl_3$ | 190 | 用6mol/L HCl溶解，配制练习液时用2mol/L HCl稀释 |
| Sn（IV） | $SnCl_4 \cdot 3H_2O$ | 270 | 6mol/L HCl |
| Sn（II） | $SnCl_2 \cdot 2H_2O$ | 190 | 6mol/L HCl |
| $Fe^{2+}$ | $FeCl_2 \cdot 4H_2O$ | 356 | 0.6mol/L HCl，在铁钉存在下保存 |

| 名 称 | 化学式 | g/L | 溶剂（附配法） |
|---|---|---|---|
| $Fe^{3+}$ | $Fe(NO_3)_3 \cdot 9H_2O$ | 720 | 水 |
| $Al^{3+}$ | $Al(NO_3)_3 \cdot 9H_2O$ | 1400 | 水（1mL 含 $Al^{3+}$ 100mg） |
| $Cr^{3+}$ | $Cr(NO_3)_3 \cdot 9H_2O$ | 770 | 水 |
| $Mn^{2+}$ | $Mn(NO_3)_2 \cdot 2H_2O$ | 522 | 水 |
| $Zn^{2+}$ | $Zn(NO_3)_2 \cdot 6H_2O$ | 455 | 水 |
| $Co^{2+}$ | $Co(NO_3)_2 \cdot 6H_2O$ | 500 | 水 |
| $Ni^{2+}$ | $Ni(NO_3)_2 \cdot 6H_2O$ | 500 | 水 |
| $Ba^{2+}$ | $Ba(NO_3)_2$ | 63.3 | 水（1mL 含 $Ba^{2+}$ 33.3mg） |
| $Sr^{2+}$ | $Sr(NO_3)_2$ | 320 | 水 |
| $Ca^{2+}$ | $Ca(NO_3)_2 \cdot 4H_2O$ | 590 | 水 |
| $Mg^{2+}$ | $Mg(NO_3)_2 \cdot 6H_2O$ | 530 | 水（1mL 含 $Mg^{2+}$ 50mg） |
| $K^+$ | $KNO_3$ | 260 | 水 |
| $Na^+$ | $NaNO_2$ | 370 | 水 |
| $NH_4^+$ | $NH_4NO_3$ | 445 | 水 |

# 附录三 元素相对原子质量表

| 元素符号 | 名称 | 相对原子质量 | 元素符号 | 名称 | 相对原子质量 | 元素符号 | 名称 | 相对原子质量 | 元素符号 | 名称 | 相对原子质量 |
|---|---|---|---|---|---|---|---|---|---|---|---|
| Ac | 锕 | [227] | Er | 铒 | 167.26 | Mn | 锰 | 54.93805 | Ru | 钌 | 101.07 |
| Ag | 银 | 107.8682 | Es | 锿 | [254] | Mo | 钼 | 95.94 | S | 硫 | 32.066 |
| Al | 铝 | 26.98154 | Eu | 铕 | 151.965 | N | 氮 | 14.00674 | Sb | 锑 | 121.760 |
| Am | 镅 | [243] | F | 氟 | 18.9984032 | Na | 钠 | 22.989768 | Sc | 钪 | 44.955910 |
| Ar | 氩 | 39.948 | Fe | 铁 | 55.845 | Nb | 铌 | 92.90638 | Se | 硒 | 78.96 |
| As | 砷 | 74.92159 | Fm | 镄 | [257] | Nd | 钕 | 144.24 | Si | 硅 | 28.0855 |
| At | 砹 | [210] | Fr | 钫 | [223] | Ne | 氖 | 20.1797 | Sm | 钐 | 150.36 |
| Au | 金 | 196.96654 | Ga | 镓 | 69.723 | Ni | 镍 | 58.6934 | Sn | 锡 | 118.710 |
| B | 硼 | 10.811 | Gd | 钆 | 157.25 | No | 锘 | [254] | Sr | 锶 | 87.62 |
| Ba | 钡 | 137.327 | Ge | 锗 | 72.61 | Np | 镎 | 237.0482 | Ta | 钽 | 180.9479 |
| Be | 铍 | 9.012182 | H | 氢 | 1.00794 | O | 氧 | 15.9994 | Tb | 铽 | 158.92534 |
| Bi | 铋 | 208.98037 | He | 氦 | 4.002602 | Os | 锇 | 190.23 | Tc | 锝 | 98.9062 |
| Bk | 锫 | [247] | Hf | 铪 | 178.49 | P | 磷 | 30.973762 | Te | 碲 | 127.60 |
| Br | 溴 | 79.904 | Hg | 汞 | 200.59 | Pa | 镤 | 231.03588 | Th | 钍 | 232.0381 |
| C | 碳 | 12.011 | Ho | 钬 | 164.93032 | Pb | 铅 | 207.2 | Ti | 钛 | 47.867 |
| Ca | 钙 | 40.078 | I | 碘 | 126.90447 | Pd | 钯 | 106.42 | Tl | 铊 | 204.3833 |
| Cd | 镉 | 112.411 | In | 铟 | 114.818 | Pm | 钷 | [145] | Tm | 铥 | 168.93421 |
| Ce | 铈 | 140.115 | Ir | 铱 | 192.217 | Po | 钋 | [～210] | U | 铀 | 238.0289 |
| Cf | 锎 | [251] | K | 钾 | 39.0983 | Pr | 镨 | 140.90765 | V | 钒 | 50.9415 |
| Cl | 氯 | 35.4527 | Kr | 氪 | 83.80 | Pt | 铂 | 195.08 | W | 钨 | 183.84 |
| Cm | 锔 | [247] | La | 镧 | 138.9055 | Pu | 钚 | [244] | Xe | 氙 | 131.29 |
| Co | 钴 | 58.93320 | Li | 锂 | 6.941 | Ra | 镭 | 226.0254 | Y | 钇 | 88.90585 |
| Cr | 铬 | 51.9961 | Lr | 铹 | [257] | Rb | 铷 | 85.4678 | Yb | 镱 | 173.04 |
| Cs | 铯 | 132.90543 | Lu | 镥 | 174.967 | Re | 铼 | 186.207 | Zn | 锌 | 65.39 |
| Cu | 铜 | 63.546 | Md | 钔 | [256] | Rh | 铑 | 102.90550 | Zr | 锆 | 91.224 |
| Dy | 镝 | 162.50 | Mg | 镁 | 24.3050 | Rn | 氡 | [222] | | | |

## 附录四 实验室常用指示剂的配制方法

1. 如何配制饱和溴水？

在有磨口玻璃塞的瓶内，将市售溴约50g（约16mL）在2h内注于1L水中，时常剧烈振荡，每次摇动之后，微开瓶塞，使积聚的溴蒸气放出。在贮存瓶底要有过量的溴。将溴水倒入试剂瓶时，过量的溴应当留于贮存瓶中而不要倒出。倾倒溴和溴水时，应在通风橱中进行。在倾倒溴时，为了防止被溴蒸气烧伤，应以凡士林涂手或带医用橡胶手套。

2. 如何配制碘水试剂？

称取分析纯碘片6.5g，放于小烧杯中，另外称取固体KI18.5g，并先把碘片溶解于少量酒精中，再加入水到100mL，搅拌均匀即可。

3. 碘酒的配方是什么？

碘（$I_2$）25g、碘化钾KI10g、乙醇$C_2H_5OH$500mL，最后加水至1000mL。

配制时应先将KI溶解于10mL水中，配成饱和溶液。再将碘$I_2$加入KI溶液中，然后加入$C_2H_5OH$，搅拌溶解后，添加蒸馏水至1000mL，即成为常用的皮肤消毒剂。

4. 0.1酚酞指示剂的配制方法是什么？

0.1酚酞指示剂是指100mL溶液使用0.1g的酚酞。

配制方法：称量0.1g酚酞，然后用少量95%乙醇或者无水乙醇溶解，定量转移至100mL容量瓶后再用乙醇定容稀释到100mL即可。

0.5%酚酞乙醇溶液：取0.5g酚酞用乙醇溶解并稀释至100mL，无需加水。变色范围pH 8.3～10.0（无色→红）。

5. 如何配制石蕊指示剂？

配制方法：取1g石蕊粉末溶于50mL水中，静置一昼夜后过滤。在滤液中加30mL 95%乙醇，再加水稀释至100mL。变色范围pH 4.5～8.0（红→蓝）。

6. 0.1%甲基橙的配制

称取0.1g甲基橙加蒸馏水100mL，热溶解，冷却后过滤备用。变色范围pH 3.2～4.4（红→黄）。

7. 0.5g/L淀粉指示剂如何配制？

称取0.5g可溶性淀粉放入50mL烧杯，量取100mL蒸馏水，先用数滴把淀粉调至成糊状，再取约90mL水在电炉上加热至微沸时，倒入糊状淀粉，再用剩余蒸馏水冲洗50mL烧杯3次，洗液倒入烧杯，然后再加入1滴10%盐酸，微沸3min，加热过程中要搅拌。

注：

（1）加入盐酸是为了淀粉指示剂更加稳定；

（2）指示剂用量不大时可只配制100mL或200mL。

8. 碘化钾淀粉指示液

取碘化钾0.2g，加新制的淀粉指示液100mL使溶解。

9. 甲基红指示液

取甲基红0.1g，加0.05mol/L氢氧化钠溶液7.4mL使溶解，再加水稀释至200mL，即得。变色范围pH 4.2 ～ 6.3（红→黄）。

10．铬黑T指示剂

取铬黑T 0.1g，加氯化钠10g，研磨均匀，即得。

11．铬酸钾指示液

取铬酸钾10g，加水100mL使溶解，即得。

12．硫酸铁铵指示液

取硫酸铁铵8g，加水100mL使溶解，即得。

13．乙氧基黄吡精指示液

取乙氧基黄吡精0.1g，加乙醇100mL使溶解，即得。变色范围pH 3.5 ～ 5.5（红→黄）。

14．二甲基黄指示液

取二甲基黄0.1g。加乙醇100mL使溶解，即得。变色范围pH 2.9 ～ 4.0（红→黄）。

15．二甲基黄 - 亚甲蓝混合指示液

取二甲基黄与亚甲蓝各15mg，加氯仿100mL，振摇使溶解（必要时微温），滤过，即得。

16．二甲基黄 - 溶剂蓝19混合指示液

取二甲基黄与溶剂蓝19各15mg，加氯仿100mL使溶解，即得。

17．二甲酚橙指示液

取二甲酚橙0.2g，加水100mL使溶解，即得。

18．二苯偕肼指示液

取二苯偕肼1g，加乙醇100mL使溶解，即得。

19．儿茶酚紫指示液

取儿茶酚紫0.1g，加水100mL使溶解，即得。变色范围pH 6.0 ～ 7.0 ～ 9.0（黄→紫→紫红）。

20．中性红指示液

取中性红0.5g，加水使溶解成100mL，滤过，即得。变色范围pH 6.8 ～ 8.0（红→黄）。

21．孔雀绿指示液

取孔雀绿0.3g，加冰醋酸100mL使溶解，即得。变色范围pH 0.0 ～ 2.0（黄→绿）；11.0 ～ 13.5（绿→无色）

22．甲基红 - 亚甲蓝混合指示液

取0.1%甲基红的乙醇溶液20mL，加0.2%亚甲蓝溶液8mL，摇匀，即得。

23．甲基红 - 溴甲酚绿混合指示液

取0.1%甲基红的乙醇溶液20mL，加0.2%溴甲酚绿的乙醇溶液30mL，摇匀，即得。

24．甲基橙－二甲苯蓝FF混合指示液

取甲基橙与二甲苯蓝FF各0.1g，加乙醇100mL使溶解，即得。

25．甲基橙－亚甲蓝混合指示液

取甲基橙指示液20mL，加0.2%亚甲蓝溶液8mL，摇匀，即得。

26．甲酚红指示液

取甲酚红0.1g，加0.05mol/L氢氧化钠溶液5.3mL使溶解，再加水稀释至100mL，即

得。变色范围 pH 7.2 ～ 8.8（黄→红）。

27．甲酚红-麝香草酚蓝混合指示液

取甲酚红指示液1份与0.1%麝香草酚蓝溶液3份，混合，即得。

28．四溴酚酞乙酯钾指示液

取四溴酚酞乙酯钾0.1g，加冰醋酸100mL，使溶解，即得。

29．对硝基酚指示液

取对硝基酚0.25g，加水100mL使溶解，即得。

30．刚果红指示液

取刚果红0.5g，加10%乙醇100mL使溶解，即得。变色范围 pH 3.0 ～ 5.0（蓝→红）。

31．苏丹Ⅳ指示液

取苏丹Ⅳ 0.5g，加氯仿100mL使溶解，即得。

32．含锌碘化钾淀粉指示液

取水100mL，加碘化钾溶液（3→20）5mL与氯化锌溶液（1→5）10mL，煮沸，加淀粉混悬液（取可溶性淀粉5g，加水30mL搅匀制成），随加随搅拌，继续煮沸2min，放冷，即得。本液应在阴凉处密闭保存。

33．邻二氮菲指示液

取硫酸亚铁0.5g，加水100mL使溶解，加硫酸2滴与邻二氮菲0.5g，摇匀，即得。本液应临用新制。

34．间甲酚紫指示液

取间甲酚紫0.1g，加0.01mol/L氢氧化钠溶液10mL使溶解，再加水稀释至100mL，即得。变色范围 pH 7.5 ～ 9.2（黄→紫）。

35．金属酚指示液（邻甲酚酞络合指示液）

取金属酚1g，加水100mL使溶解即得。

36．茜素磺酸钠指示液

取茜素磺酸钠0.1g，加水100mL使溶解即得。变色范围 pH 3.7 ～ 5.2（黄→紫）。

37．荧光黄指示液

取荧光黄0.1g，加乙醇100mL使溶解，即得。

38．耐尔蓝指示液

取耐尔蓝1g，加冰醋酸100mL使溶解即得。变色范围 pH 10.1 ～ 11.1（蓝→红）。

39．钙黄绿素指示剂

取钙黄绿素0.1g，加氯化钾10g，研磨均匀即得。

40．钙紫红素指示剂

取钙紫红素0.1g，加无水硫酸钠10g，研磨均匀，即得。

41．亮绿指示液

取亮绿0.5g，加冰醋酸100mL使溶解，即得。变色范围 pH 0.0 ～ 2.6（黄→绿）。

42．姜黄指示液

取姜黄粉末20g，用冷水浸渍4次，每次100mL，除去水溶性物质后，残渣在100℃干燥，加乙醇100mL，浸渍数日，滤过，即得。

43．结晶紫指示液

取结晶紫0.5g，加冰醋酸100mL使溶解，即得。

44．萘酚苯甲醇指示液

取 $\alpha$-萘酚苯甲醇0.5g，加冰醋酸100mL使溶解，即得。变色范围pH 8.5～9.8（黄→绿）。

45．酚磺酞指示液

取酚磺酞0.1g，加0.05mol/L氢氧化钠溶液5.7mL使溶解，再加水稀释至200mL，即得。变色范围pH 6.8～8.4（黄→红）。

46．偶氮紫指示液

取偶氮紫0.1g，加二甲基甲酰胺100mL使溶解，即得。

47．喹哪啶红指示液

取喹哪啶红0.1g，加甲醇100mL使溶解，即得。变色范围pH 1.4～3.2（无色→红）。

48．溴甲酚紫指示液

取溴甲酚紫0.1g，加0.02mol/L氢氧化钠溶液20mL使溶解，再加水稀释至100mL，即得。变色范围pH 5.2～6.8（黄→紫）。

49．溴甲酚绿指示液

取溴甲酚绿0.1g，加0.05mol/L氢氧化钠溶液2.8mL使溶解，再加水稀释至200mL，即得。变色范围pH 3.6～5.2（黄→蓝）。

50．溴酚蓝指示液

取溴酚蓝0.1g，加0.05mol/L氢氧化钠溶液3.0mL使溶解，再加水稀释至200mL，即得。变色范围pH 2.8～4.6（黄→蓝绿）。

51．溴麝香草酚蓝指示液

取溴麝香草酚蓝0.1g，加0.05mol/L氢氧化钠溶液3.2mL使溶解，再加水稀释至200mL，即得。变色范围pH 6.0～7.6（黄→蓝）。

52．溶剂蓝19指示液

取0.5g溶剂蓝19，加冰醋酸100mL使溶解，即得。

53．橙黄Ⅳ指示液

取橙黄Ⅳ0.5g，加冰醋酸100mL使溶解，即得。变色范围pH 1.4～3.2（红→黄）。

54．曙红钠指示液

取曙红钠0.5g，加水100mL使溶解，即得。

55．麝香草酚酞指示液

取麝香草酚酞0.1g，加乙醇100mL使溶解，即得。变色范围pH 9.3～10.5g（无色→蓝）。

56．麝香草酚蓝指示液

取麝香草酚蓝0.1g，加0.05mol/L氢氧化钠溶液4.3mL使溶解，再加水稀释至200mL，即得。变色范围pH 1.2～2.8（红→黄）；pH 8.0～9.6（黄→紫蓝）。

# 附录五　常见缓冲液配制方法

1. 乙醇-醋酸铵缓冲液（pH 3.7）　取5mol/L醋酸溶液15.0mL，加乙醇60mL和水20mL，用10mol/L氢氧化铵溶液调节pH值至3.7，用水稀释至1000mL，即得。

2. 三羟甲基氨基甲烷缓冲液（pH 8.0）　取三羟甲基氨基甲烷12.14g，加水800mL，搅拌溶解，并稀释至1000mL，用6mol/L盐酸溶液调节pH值至8.0，即得。

3. 三羟甲基氨基甲烷缓冲液（pH 8.1）　取氯化钙0.294g，加0.2mol/L三羟甲基氨基甲烷溶液40mL使溶解，用1mol/L盐酸溶液调节pH值至8.1，加水稀释至100mL，即得。

4. 三羟甲基氨基甲烷缓冲液（pH 9.0）　取三羟甲基氨基甲烷6.06g，加盐酸赖氨酸3.65g、氯化钠5.8g、乙二胺四乙酸二钠0.37g，再加水溶解使成1000mL，调节pH值至9.0，即得。

5. 乌洛托品缓冲液　取乌洛托品75g，加水溶解后，加浓氨水4.2mL，再用水稀释至250mL，即得。

6. 巴比妥缓冲液（pH 7.4）　取巴比妥钠4.42g，加水使溶解并稀释至400mL，用2mol/L盐酸溶液调节pH值至7.4，滤过，即得。

7. 巴比妥缓冲液（pH 8.6）　取巴比妥5.52g与巴比妥钠30.9g，加水使溶解成2000mL，即得。

8. 巴比妥-氯化钠缓冲液（pH 7.8）　取巴比妥钠5.05g，加氯化钠3.7g及水适量使溶解，另取明胶0.5g加水适量，加热溶解后并入上述溶液中。然后用0.2mol/L盐酸溶液调节pH值至7.8，再用水稀释至500mL，即得。

9. 甲酸钠缓冲液（pH 3.3）　取2mol/L甲酸溶液25mL，加酚酞指示液1滴，用2mol/L氢氧化钠溶液中和，再加入2mol/L甲酸溶液75mL，用水稀释至200mL，调节pH值至3.25～3.30，即得。

10. 邻苯二甲酸盐缓冲液（pH 5.6）　取邻苯二甲酸氢钾10g，加水900mL，搅拌使溶解，用氢氧化钠试液（必要时用稀盐酸）调节pH值至5.6，加水稀释至1000mL，混匀，即得。

11. 枸橼酸盐缓冲液　取枸橼酸4.2g，加1mol/L的20%乙醇制氢氧化钠溶液40mL使溶解，再用20%乙醇稀释至100mL，即得。

12. 枸橼酸盐缓冲液（pH 6.2）　取2.1%枸橼酸水溶液，用50%氢氧化钠溶液调节pH值至6.2，即得。

13. 枸橼酸-磷酸氢二钠缓冲液（pH 4.0）　甲液：取枸橼酸21g或无水枸橼酸19.2g，加水使溶解成1000mL，置冰箱内保存。乙液：取磷酸氢二钠71.63g，加水使溶解成1000mL。取上述甲液61.45mL与乙液38.55mL混合，摇匀，即得。

14. 氨-氯化铵缓冲液（pH 8.0）　取氯化铵1.07g，加水使溶解成100mL，再加稀氨溶液（1→30）调节pH值至8.0，即得。

15. 氨-氯化铵缓冲液（pH 10.0）　取氯化铵5.4g，加水20mL溶解后，加浓氨溶液35mL，再加水稀释至100mL，即得。

16. 硼砂-氯化钙缓冲液（pH 8.0）取硼砂0.572g与氯化钙2.94g，加水约800mL溶解后，用1mol/L盐酸溶液约2.5mL调节pH值至8.0，加水稀释至1000mL，即得。

17. 硼砂-碳酸钠缓冲液（pH 10.8～11.2）取无水碳酸钠5.30g，加水使溶解成1000mL；另取硼砂1.91g，加水使溶解成100mL。临用前取碳酸钠溶液973mL与硼砂溶液27mL，混匀，即得。

18. 硼酸-氯化钾缓冲液（pH 9.0）取硼酸3.09g，加0.1mol/L氯化钾溶液500mL使溶解，再加0.1mol/L氢氧化钠溶液210mL，即得。

19. 醋酸盐缓冲液（pH 3.5）取醋酸铵25g，加水25mL溶解后，加7mol/L盐酸溶液38mL，用2mol/L盐酸溶液或5mol/L氨溶液准确调节pH值至3.5（电位法指示），用水稀释至100mL，即得。

20. 醋酸-锂盐缓冲液（pH 3.0）取冰醋酸50mL，加水800mL混合后，用氢氧化锂调节pH值至3.0，再加水稀释至1000mL，即得。

21. 醋酸-醋酸钠缓冲液（pH 3.6）取醋酸钠5.1g，加冰醋酸20mL，再加水稀释至250mL，即得。

22. 醋酸-醋酸钠缓冲液（pH 3.7）取无水醋酸钠20g，加水300mL溶解后，加溴酚蓝指示液1mL及冰醋酸60～80mL，至溶液从蓝色转变为纯绿色，再加水稀释至1000mL，即得。

23. 醋酸-醋酸钠缓冲液（pH 3.8）取2mol/L醋酸钠溶液13mL与2mol/L醋酸溶液87mL，加每1mL含铜1mg的硫酸铜溶液0.5mL，再加水稀释至1000mL，即得。

24. 醋酸-醋酸钠缓冲液（pH 4.5）取醋酸钠18g，加冰醋酸9.8mL，再加水稀释至1000mL，即得。

25. 醋酸-醋酸钠缓冲液（pH 4.6）取醋酸钠5.4g，加水50mL使溶解，用冰醋酸调节pH值至4.6，再加水稀释至100mL，即得。

26. 醋酸-醋酸钠缓冲液（pH 6.0）取醋酸钠54.6g，加1mol/L醋酸溶液20mL溶解后，加水稀释至500mL，即得。

27. 醋酸-醋酸钾缓冲液（pH 4.3）取醋酸钾14g，加冰醋酸20.5mL，再加水稀释至1000mL，即得。

28. 醋酸-醋酸铵缓冲液（pH 4.5）取醋酸铵7.7g，加水50mL溶解后，加冰醋酸6mL与适量的水使成100mL，即得。

29. 醋酸-醋酸铵缓冲液（pH 6.0）取醋酸铵100g，加水300mL使溶解，加冰醋酸7mL，摇匀，即得。

30. 磷酸-三乙胺缓冲液 取磷酸约4mL与三乙胺约7mL，加50%甲醇稀释至1000mL，用磷酸调节pH值至3.2，即得。

31. 磷酸盐缓冲液 取磷酸二氢钠38.0g，与磷酸氢二钠5.04g，加水使成1000mL，即得。

32. 磷酸盐缓冲液（pH 2.0）甲液：取磷酸16.6mL，加水至1000mL，摇匀。乙液：取磷酸氢二钠71.63g，加水使溶解成1000mL。取上述甲液72.5mL与乙液27.5mL混合，摇匀，即得。

33. 磷酸盐缓冲液（pH 2.5） 取磷酸二氢钾100g，加水800mL，用盐酸调节pH至2.5，用水稀释至1000mL。

34. 磷酸盐缓冲液（pH 5.0） 取0.2mol/L磷酸二氢钠溶液一定量，用氢氧化钠试液调节pH值至5.0，即得。

35. 磷酸盐缓冲液（pH 5.8） 取磷酸二氢钾8.34g与磷酸氢二钾0.87g，加水使溶解成1000mL，即得。

36. 磷酸盐缓冲液（pH 6.5） 取磷酸二氢钾0.68g，加0.1mol/L氢氧化钠溶液15.2mL，用水稀释至100mL，即得。

37. 磷酸盐缓冲液（pH 6.6） 取磷酸二氢钠1.74g、磷酸氢二钠2.7g与氯化钠1.7g，加水使溶解成400mL，即得。

38. 磷酸盐缓冲液（含胰酶）（pH 6.8） 取磷酸二氢钾6.8g，加水500mL使溶解，用0.1mol/L氢氧化钠溶液调节pH值至6.8；另取胰酶10g，加水适量使溶解，将两液混合后，加水稀释至1000mL，即得。

39. 磷酸盐缓冲液（pH 6.8） 取0.2mol/L磷酸二氢钾溶液250mL，加0.2mol/L氢氧化钠溶液118mL，用水稀释至1000mL，摇匀，即得。

40. 磷酸盐缓冲液（pH 7.0） 取磷酸二氢钾0.68g，加0.1mol/L氢氧化钠溶液29.1mL，用水稀释至100mL，即得。

41. 磷酸盐缓冲液（pH 7.2） 取0.2mol/L磷酸二氢钾溶液50mL与0.2mol/L氢氧化钠溶液35mL，加新沸过的冷水稀释至200mL，摇匀，即得。

42. 磷酸盐缓冲液（pH 7.3） 取磷酸氢二钠1.9734g与磷酸二氢钾0.2245g，加水使溶解成1000mL，调节pH值至7.3，即得。

43. 磷酸盐缓冲液（pH 7.4） 取磷酸二氢钾1.36g，加0.1mol/L氢氧化钠溶液79mL，用水稀释至200mL，即得。

44. 磷酸盐缓冲液（pH 7.6） 取磷酸二氢钾27.22g，加水使溶解成1000mL，取50mL，加0.2mol/L氢氧化钠溶液42.4mL，再加水稀释至200mL，即得。

45. 磷酸盐缓冲液（pH 7.8） 甲液：取磷酸氢二钠35.9g，加水溶解，并稀释至500mL。

乙液：取磷酸二氢钠2.76g，加水溶解，并稀释至100mL。取上述甲液91.5mL与乙液8.5mL混合，摇匀，即得。

46. 磷酸盐缓冲液（pH 7.8～8.0） 取磷酸氢二钾5.59g与磷酸二氢钾0.41g，加水使溶解成1000mL，即得。

# 参考文献

[1] 王瑛主编. 分析化学操作技能. 北京：化学工业出版社，2013.

[2] 刘珍主编. 化验员读本（上、下册）. 第4版. 北京：化学工业出版社，2013.

[3] 郭小容，李乐主编. 化工分析. 第2版. 北京：化学工业出版社，2012.

[4] 柳明现，罗桂甫主编. 化工分析实验. 第2版. 北京：化学工业出版社，2009.

[5] 中华人民共和国国家标准GB/T 14666—2003分析化学术语. 北京：中国标准出版社，2004.